献给我的父母约翰和简，他们总是鼓励我的一切疯狂冒险之举

——F. B.

图书在版编目（CIP）数据

探险，征服，凯旋：66位人类勇士的壮丽史诗 /
（英）西蒙·切希尔（Simon Cheshire）著；（爱尔兰）
法蒂·伯克（Fatti Burke）绘；翁悦译. -- 上海：少
年儿童出版社，2024. -- ISBN 978-7-5589-2030-1

Ⅰ. N81-49

中国国家版本馆CIP数据核字第2024ZP6625号

著作权合同登记号　图字：09-2020-1116

探险，征服，凯旋
——66位人类勇士的壮丽史诗

［英］西蒙·切希尔　著
［爱尔兰］法蒂·伯克　绘
翁　悦　译

责任编辑　马淑艳　美术编辑　陆　及
责任校对　陶立新　技术编辑　谢立凡

出版发行　上海少年儿童出版社有限公司
地址　上海市闵行区号景路159弄B座5-6层　邮编　201101
印刷　上海雅昌艺术印刷有限公司
开本 889×1194　1/16　印张 8
2024 年 10 月第 1 版　　2024 年 10 月第 1 次印刷
ISBN 978-7-5589-2030-1/I·5270
定价 68.00 元

探险，征服，凯旋

66位 人类勇士的 壮丽史诗

[英] 西蒙·切希尔 **著**
SIMON CHESHIRE

[爱尔兰] 法蒂·伯克 **绘**
FATTI BURKE

翁 悦 **译**

少年儿童出版社

目 录

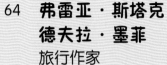

引　语

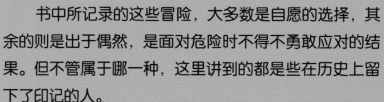

如果说人类一直痴迷于某件事，那这件事就是对一种壮丽冒险的不懈追求，即克服一个又一个可怕的障碍，抵达似乎遥不可及的目标。

历史上有很多真实的例子，这些非凡人物所面临的胜利、危险和挑战，可能会让我们这些普通人吓得钻到桌子底下去。

书中所记录的这些冒险，大多数是自愿的选择，其余的则是出于偶然，是面对危险时不得不勇敢应对的结果。但不管属于哪一种，这里讲到的都是些在历史上留下了印记的人。

尤里·加加林

宇航员

1961 年 4 月 12 日，早上 6 点刚过，无线电通信设备里传来一个声音："预备，点火，发射！祝您旅途愉快，一切顺利。"想象一下，你被绑在一个带软垫的座位上，坐在一个大金属球里。紧紧围绕在你身边的是控制装置和仪器。你看不见太空舱外面有什么，只有一个小舷窗挨着你的膝盖。这就是 27 岁的苏联宇航员尤里·加加林那天早上所处的情境。他对无线电回应说："出发吧！"

尤里·加加林
1934—1968

加加林是被最高机密"东方号计划"选中的 20 名飞行员之一，该计划是苏联与美国太空竞赛的重要组成部分。苏联是一个以俄罗斯为首的国家集团，存在于 20 世纪的大部分时间。一开始，20 名飞行员都不知道这个计划的目的是破天荒地将人送上太空！每名飞行员都经历了严格无比的体能和智力测试，比如身体高速旋转和解决复杂的数学问题。

"东方 1 号"

最终将加加林和他的"东方 1 号"送入太空的巨型火箭，既是一项伟大的技术成就，也非常危险。返回舱没有备用的反向火箭，所以为加加林准备了 10 天的食物和水，供他在等待返回舱从空中坠落期间吃喝。加加林的头盔上写着俄语"苏联"的缩写字母"CCCP"，以免他落地时被人质疑身份。

发射前，加加林的紧张是可以理解的。他即将进行一场非常危险的旅行，这场旅行将会成为他自己，他的国家，整个世界乃至人类历史的转折点！

绕行地球

"东方 1 号"飞船任务共持续了 108 分钟。为了进入轨道，火箭必须达到每秒 8 千米（29000 千米 / 时）的速度。进入太空后，太空舱在 320 千米左右的高度完成了一次环绕地球的完整旅程，用时不到一个半小时。

幸运的是，"东方 1 号"唯一的那个反向火箭正确地发射了。载有残余燃料的服务舱被抛弃，只留下加加林被绑在上面的那个金属球舱。那个太空舱的形状像一个球，一部分原因是为了使它更加符合空气动力学，另一部分原因是为了使里面的一切——包括加加林，在它返回地球时都可以旋转并保持直立。

尤里·加加林惊奇地凝望着身下的地球。

回到坚实的地面

没有其他火箭来减缓太空舱的下降速度，只有一个降落伞，太空舱将会快速撞击地表，飞行员很可能来不及逃生。在距离地面 7 千米的高度，发生撞击前的几秒钟，加加林必须打开位于他头顶上方的大舱门，使用降落伞着陆。他降落在距离目的地偏西 2800 千米的农田里，但还好他活了下来！

没过几天，加加林就成了地球上最有名的人。苏联政府将他们的这位英雄看作宝贝疙瘩，不让他再次进入太空，唯恐他下次不会如此幸运。

许多年过去了，加加林去世后，他出生的村子以他的名字重新命名，作为纪念。直到今天，乘坐公共汽车前往发射台的宇航员为了纪念他的成就，都会照做他在升空前最后一刻做的事——下车去小解一下！

阿罗哈·万德韦尔

世界探索者

1922 年秋天，《巴黎先驱报》上刊登了这样一则广告："头脑、美貌和马裤——邀请幸运的年轻女子世界旅行。"

来自加拿大的 16 岁叛逆少女伊德里斯·霍尔发现了它，并立即知道自己将成为那个"幸运的年轻女子"。她从小就梦想着刺激的冒险，这个广告对她来说完全无法抗拒。

阿罗哈·万德韦尔
1906—1996

这则广告是由一个名叫瓦莱里安·约翰内斯·皮钦斯基的波兰人发布的，他也被称为"沃尔特·万德韦尔队长"（他后来鼓励伊德里斯自称"阿罗哈·万德韦尔"）。他是一个有争议的人物，在第一次世界大战期间，他因涉嫌为德国人工作而被监禁。

百万美元赌注

阿罗哈遇到了他，并迅速在"万德韦尔探险队"中获得一席之地，这件事引发了公众的极大兴趣，报纸上的宣传称之为"百万美元赌注"。这次探险是一场驾驶两辆福特 T 型车环游世界的比赛，看哪辆车可以到访更多的国家——一辆车由沃尔特驾驶，另一辆车由他的妻子内尔驾驶。阿罗哈会说好几种语言，被聘为翻译和秘书。然而，阿罗哈很快发现，她自己坐在沃尔特的车——"小丽兹"的方向盘后面，面对着一个摄像机镜头，它将记录全部行程！沃尔特的妻子内尔以及他们夫妻间竞赛的想法，很快就被整个抛诸脑后了。

万德韦尔夫妇是 20 世纪 20 年代的旅游博主。他们通过影像、照片和他们冒险经历的第一手资料，让世界了解他们的行程进展。阿罗哈，凭借她的自信和引人注目的外表，成为节目的明星，并引起国际轰动。她和沃尔特穿着他们标志性的马裤和军装风格的夹克，戴着皮革飞行头盔，在一个又一个充满异国情调的地方被拍入镜头。

旅行了最多地方的人

　　尽管外表光鲜亮丽，沃尔特和阿罗哈也经常面临危险和挫折——从战争到摇摇晃晃的吊桥。最后，他们用碾碎的香蕉代替发动机润滑油，用混合了大象脂肪的水代替机油。在印度和非洲，他们需要用牛拖着汽车穿过泥滩和河流。在中国，当汽车得不到任何燃料时，农工就像耕牛一样，将 T 型车拖行了 130 千米。

　　到 1925 年环球探险结束时，阿罗哈 19 岁，已经旅行了 4 个大洲的 43 个国家，被称为"世界上旅行了最多地方的女孩"。但故事到这里并没有结束！后来，阿罗哈一生中大部分时间都在旅行和拍纪录片。她还嫁给了沃尔特，生了两个孩子。阿罗哈·万德韦尔是一位非凡的人物，至今被认为是女性主义者的先驱，她也是重要的早期纪录片制作人。

阿罗哈和"沃尔特·万德韦尔队长"开着"小丽兹"汽车穿越丛林。

詹姆斯·库克船长

探险家、航海家

詹姆斯·库克，英格兰约克郡一个不起眼的农民的儿子，可能算是 18 世纪世界上最伟大的探险家。他雄心勃勃，三次环绕太平洋航行，正如他所写下的那样，宣称自己"要比所有前人走得更远"，"人类可能走多远，我就走多远"。

詹姆斯·库克
1728—1779

第一次航行（1768—1771）

当时，库克作为船长，登上了英国皇家海军的"奋进号"海船。同行的还有一批被精心挑选出来的科学家，负责沿途收集各种未知事物的标本。他们还有个任务——从南半球观测金星，以便帮助天文学家更多地了解这个迷人的星球。

库克和他的船友完成观测后，就去寻找传说中的南部大洲——"南极大陆"。有传言说这片广阔的土地位于地球的底部，但自 16 世纪以来，它绘制在地图上的情况全凭猜测。

在寻找这片神秘大陆的过程中，库克在新西兰周边航行，精确地绘制了相关地图。然后他沿着未开发的澳大利亚东海岸（当时称为"新荷兰"）航行，在靠近现代悉尼的植物学湾登陆。但后来"奋进号"撞上了大堡礁，几乎沉没，而且在船只修理之际，又有超过 30 名船员死于疟疾、发烧和痢疾。

最终，库克和其他船员不得不放弃寻找这片未知的迷失之地，返回英国。

第二次航行（1772—1775）

　　库克一直为没能找到那片传说中的大陆而懊恼，于是他又率领两艘船——"冒险号"和"决心号"再次出发。他的目的是，要么找到南极大陆，要么彻底证明它根本就不存在。这两艘船驶近南极洲海岸，但因为极度严寒，又被逼了回来。他们改变了路线，绕道新西兰和塔希提岛。在途中，他们横跨复活节岛、马克萨斯群岛、汤加和新赫布里底群岛。库克不是这些岛屿的发现者，因为它们都已经是土著居民的家园，然而，对欧洲人而言，库克把这些岛屿从模糊的报道和遥远之处变成了确凿的事实。库克通过前两次航行，大致绘制出了南太平洋地图。

第三次航行（1776—1780）

　　1776 年，库克乘坐"决心号"再次出发，这次是"发现号"陪同。他要寻找传说中穿越美洲、连接太平洋和大西洋的西北通道。他没有找到这条通道，但他却穿越了夏威夷群岛。起初，他和船员与岛民相处得很好，岛民对他敬若神明！然而，一场关于被盗船只的争吵最终失控，库克被杀害了。如今，在他倒下的地方，矗立着一座纪念碑。

　　尽管库克船长脾气暴躁，但他对船员很不错，被认为是一个好领袖。他还无意中使公海上的坏血病得以减少：他不知道营养不良会导致这种疾病，但他知道营养丰富的酸菜能预防这种疾病，所以他在航行中带了好几吨酸菜！

库克船长着眼于遥远地方的新发现。

芝诺比娅

王后、女王

据说芝诺比娅非常聪明，受过良好的教育，她的眼睛黑得像午夜，牙齿白得像珍珠，她来自罗马帝国的行省巴尔米拉（今属叙利亚）。

芝诺比娅嫁给了巴尔米拉总督奥达那萨斯。此时，罗马帝国还远未安定下来，经常受到北方部落的攻击，并饱受政治纷争的困扰——在过去的 50 年里，有 26 位皇帝轮番登基！巴尔米拉行省一直与罗马保持着良好的关系，尤其是在奥达那萨斯帮忙赶走了一批波斯人之后。奥达那萨斯利用这个优势，控制了罗马在中东的所有领土，并自称为王。

芝诺比娅
240—274

公元 267 年，奥达那萨斯被杀后，芝诺比娅接管了国家并自称女王。严格来说，她代表自己年幼的儿子瓦巴拉瑟斯统治国家，但她掌握着大权。她鼓励学习、多元化和宗教自由，她也和她的丈夫一样雄心勃勃。罗马的王位争夺战如此激烈，所以一个来自东部行省的强大领袖称王——如果不是芝诺比娅，那么也许是她儿子——也不是太牵强。

芝诺比娅年少时就是骑马的行家里手。她当了领袖后，善于骑马派上了用场。她骑着马，率领军队跨国征战。到公元 271 年时，她已经征服了许多地方，统治了包括现在伊拉克和叙利亚部分地区在内的大片土地，西跨土耳其，南至埃及。这个巴尔米拉帝国，也许有一天会与罗马帝国抗衡！

伊姆玛亚之战

此时，罗马帝国最新一任皇帝是军事指挥官奥勒利安。他当然不会支持芝诺比娅的帝国建设，并向她发起了进攻。双方在宽阔平坦的平原上相遇。为了刺激巴尔米拉人全力进攻，罗马人掉头逃跑，似乎已溃败，任由敌人追逐他们，直到巴尔米拉人精疲力尽（那些重型战斗装备很快就耗尽了他们的体力）。正当巴尔米拉人疲惫不堪之际，罗马人掉过头来进行冲锋——并重创了他们的对手！

芝诺比娅和她的儿子瓦巴拉瑟斯很快就被俘虏了。

芝诺比娅传奇

关于芝诺比娅的身世、生活、统治和死亡，各种历史记录众说纷纭。有一件事更是无法达成一致，那就是她的最后岁月是如何度过的。她可能在意大利平静地度过了余生，可能拖着镣铐穿过罗马的街道并被处决，可能在去罗马的路上死于疾病，也可能为了不必面对奥勒利安的报复而自杀。但有一点大家都没有异议，那就是：她是罗马帝国历史上最有权势的女性之一。

奇怪的是，尽管芝诺比娅的影响力巨大，但她生前的雕像和画像却从未被发现过。存世的只有一些她统治时期硬币上的小头像。

芝诺比娅进攻罗马帝国。

罗宾·诺克斯-约翰斯顿
埃伦·麦克阿瑟
劳拉·德克尔

水手

没有多少体育运动会像独自驾船环游世界那样，对体能和精神构成双重挑战。想象一下，孤身一人坐在帆船上，被波涛汹涌的浩渺大海包围着，能帮助你回家的只有风力和你自己的导航技能。这是需要巨大勇气和无比决心的航程。

罗宾·诺克斯-约翰斯顿

1968 年，《星期日泰晤士报》公布了一项环球帆船比赛新规则：金球奖获得者必须全程一个人独立完成比赛，而且中途不能停下来休息——这在以前从未有人做到过。经验丰富的水手罗宾·诺克斯-约翰斯顿，是九名参赛者之一。1968 年 6 月，他驾驶着9.8 米长的"苏海利号"帆船离开了英国康沃尔郡的法尔茅斯，踏上了前所未有的航程。

罗宾·诺克斯-约翰斯顿
1939—

当诺克斯-约翰斯顿到达非洲南端的好望角时，他已经是第二名了。途中，他曾经遇到了一些问题：船开始漏水，他不得不下水修理；淡水罐遭受海水污染；船上的双向无线电设备也坏了。

没有无线电，就没有通信途径，在接下来的八个月里，他与外界失去了联系。没有无线电也造成了导航障碍，因为他无法校验准确的时间，从而确定自己的位置，而且没有天气预报，这意味着没有风暴预警，也收不到来自公海的警告。但诺克斯-约翰斯顿克服了重重困难，坚持下来。

在九名参赛队员中，有四人甚至还没驶过大西洋就退出了，剩下的五个人中，一个只到了南非，一个沉了海，一个作弊了，还有一个厌倦了行程，扬帆去了塔希提岛！只有诺克斯-约翰斯顿在 312 天内完成了比赛，并赢得 5000 英镑奖金。

诺克斯-约翰斯顿在环球航行中遭遇了帆船漏水。

埃伦·麦克阿瑟

从很小的时候起，埃伦·麦克阿瑟就梦想成为水手。多年来，她把所有的钱都存起来，为的是购买航海设备。她甚至把床搬到父母的车库里，以便为那些航海设备腾出地方！

第一次尝试

她有过两次无间断单人航行，第一次是参加2001年旺代环球帆船赛，这项比赛每四年举办一次，被认为是世界上最严峻的远洋航行考验。麦克阿瑟定制的游艇18米长，叫"翠鸟号"，其船舱有一辆小汽车大小，里面装满了她需要的一切，包括冻干食物和一个小煤气炉。船上没有其他人，这意味着她必须训练自己每次只睡20或40分钟，每周也只能有一次两小时的小睡。

埃伦·麦克阿瑟
1976—

在寒冷的水域航行，巨型冰山是常见的危险。有一次，当她从小睡中睁开眼，她发现自己距离一座冰山仅有几米之遥！哪怕很小的冰块，也会对船体造成严重损坏。她的船帆曾被狂风扯破，又有一次，因为风太大，船甚至侧翻了。

尽管遭遇种种挫折，但她高超的技术依然使她在比赛中拥有胜算。接近终点时，"翠鸟号"本来有机会夺冠，但它撞上了水中的一个半沉半浮的物体——可能是从某艘船上掉下来的一个集装箱，船只转向系统的一部分因此受损。麦克阿瑟不得不花费一天的时间，将受损的碎片拖到船上（碎片比她还重！），赢得冠军的机会就这样丧失了。她以94天多一点的成绩位居第二。

三体船上的埃伦·麦克阿瑟，与危险的冰山进行较量。

再次起航

四年后，她再次出发。这一次，她不是参加有组织的比赛，而是试图打破72天22小时54分钟的单人无间断环球航海纪录，该纪录的创造者是法国的弗朗西斯·茹瓦永。

在第二次航行中，天气更糟。除了冰山，麦克阿瑟还必须应对猛烈的冰雹和巨浪。她的三体船（一种有三个船体的船）在巨浪顶部摇摇晃晃，仿佛位于悬崖边缘，而下方就是幽谷深渊。有一场风暴持续了三天三夜，船一直有倾覆的危险——在那段时间里，她总共只睡了 20 分钟。她不得不两次爬上 30 米高的桅杆进行维修，在桅杆上被风吹得摇来晃去，她形容这就好比在地震中试图攀附在潮湿的电线杆上一样。

但麦克阿瑟并没有放弃，最终，她以 71 天 14 小时 18 分的成绩凯旋，打破了历史纪录。她第二次环游世界时年仅 28 岁，但竟然有人还在上学时就进行了类似的航行……

劳拉·德克尔

来自荷兰的劳拉·德克尔年仅 14 岁，就在一家荷兰报纸上宣布她打算独自环游世界两年（不是无间断的，计划会在途中进行各种休息）。她是一名专业水手，童年大部分时间在海上度过，与父母一起航行。

环球旅行

这么年轻的人想要尝试如此危险的事情，让包括荷兰当局在内的许多人感到震惊。直到 2010 年 8 月，德克尔终于驾驶她 11.5 米长的游艇"孔雀鱼"（她将自己曾经拥有的每艘船都称为"孔雀鱼"），从直布罗陀出发，横渡大西洋，穿过巴拿马运河，越过澳大利亚北海岸，绕过好望角。

包括途中停留时间，她耗时 518 天完成了这次航行。16 岁零 123 天的德克尔成为最年轻的独自环游世界的人。

劳拉·德克尔
1995—

劳拉·德克尔登上"孔雀鱼"，成为最年轻的独自环游世界的人。

孔雀鱼

路易·布莱里奥

飞行员

路易·布莱里奥
1872—1936

1903 年圣诞节之前，美国的莱特兄弟——威尔伯·莱特和奥维尔·莱特进行了世界上第一次动力飞行。飞行持续了一分钟。该活动掀起了一场竞相设计各种飞机的国际热潮——飞行成为最新技术奇迹！

短短几年间，路易·布莱里奥成为法国飞行员的领军人物。他是一位技术娴熟的工程师，通过为另一项最新发明——汽车制造灯具赚钱。他把赚来的每一分钱都投入制造和测试飞行器上，从被称为布莱里奥 1 号、布莱里奥 2 号的滑翔机开始，到了布莱里奥 11 号时，他拥有了一架轻型螺旋桨驱动的单翼飞机（即飞机只带有一副机翼，不像大多数早期飞机那样有上下两副机翼）。布莱里奥 11 号采用了至今仍在使用的三鳍尾设计，并由一台 25 马力的发动机提供动力（相比之下，现代飞机的喷气式发动机输出功率可达 11 万马力）。飞机的翼展有 7 米，主要由木头、金属丝和织物制成。

布莱里奥飞上蓝天

布莱里奥想成为第一个穿越英吉利海峡的人——如果成功，他就可以赢得 1000 英镑（以今天的货币值计算，这些钱的购买力将远超 10 万英镑）。然而，存在一个问题——布莱里奥 11 号的飞行时间从未超过 20 分钟，而穿越 37.8 千米的英吉利海峡需要双倍时间！ 1909 年 7 月 25 日，黎明破晓时，布莱里奥从法国加来起飞。

这不是一次轻松的旅行。布莱里奥的一只脚曾在试飞中被严重烧伤，疼痛难忍。现在他起飞了，天气越来越阴沉。这架脆弱的单翼飞机保持在 75 米左右的飞行高度。它以大约 65 千米 / 时的速度飞行，很快就超过了引领它穿越英吉利海峡的小船。布莱里奥的飞机上没有罗盘，也没有飞行仪器，所以一旦他看不到领航船，处在昏暗的天空中，就意味着他既看不到法国海岸也看不到英国海岸。他无法得知自己的确切位置，只能靠目测和直觉保持航向。

路易·布莱里奥在英吉利海峡上空起飞。

在多佛尔降落

布莱里奥继续前进，决心实现他的目标。此时，大雨倾盆而下，飞机周围狂风怒号，能见度变得更差。当他看到多佛尔白崖时，风已越刮越大，对飞行造成了严重影响。飞机随后在几栋建筑物附近急转弯，接着在多佛尔城堡附近的一块空地上重重着陆。有一些旁观者目睹了这一幕。单翼飞机的起落架和螺旋桨都撞坏了，但是他成功了！路易·布莱里奥赢得了 1000 英镑奖金，并登上全世界的头条新闻。

尽管最初的布莱里奥 11 号已被修理好，并在伦敦的塞尔福里奇百货公司展出，它却再也没有飞行过。作为一名勇敢的飞行员，布莱里奥凭借自己的名气开办了一家成功的飞机制造企业。他的工厂生产了数百架经过各种改装的布莱里奥 11 号，到 1910 年，他的飞行器已经创造了各种飞行时间、高度、速度和距离的纪录。

玛丽·金斯利

作家、探险家

玛丽·金斯利
1862—1900

玛丽·金斯利在人生的前三十年里，做着维多利亚时期英国大多数女性都在做的事：待在家里。她在父亲的图书馆里度过光阴，大量阅读关于探险的纪实故事。

1892 年，玛丽的父母都去世了，她继承了不少财产，足以使她实现自己的旅行夙愿。

探索非洲

当时，西非被视为一个存在致命危险的地域，即便对最坚韧不拔、最富有经验的旅行家来说也是如此。对一个几乎从未离开过家门的女人而言，那更不是她该去的地方。但玛丽并没有在意这种看法，毅然开始了她的探险之旅。她两次前往非洲西部和赤道附近，探索塞拉利昂、安哥拉、加蓬和现在的尼日利亚周边地区。她与当地部落成员生活在一起，了解他们的社群、信仰和生活方式。不过，有一个英国习惯她从未抛弃，那就是维多利亚时代女士的着装规范，她终生保持着高领、紧身、束腰、大裙摆式装束。（在气候炎热的非洲，肯定非常不舒服！）

她还面临着各种可怕的危险。她披荆斩棘穿过茂密的雨林，蹚过红树林沼泽，沿着急流和鳄鱼出没的河道行进，与此同时还要提防各种有毒生物，比如毒蛇和蝎子。

乘独木舟驶过奥果韦河去见方族人，也许是她最恐惧的时刻。方族人是食人族，另一名曾见过他们的欧洲人已经神秘消失了。当玛丽和几个与她同行的当地人到达时，方族人高举着武器，冲出了村庄，显然想要攻击他们。玛丽要求她的同行者都站着别动，并伸出手来表达友好之情。在最后一刻，方族人认出了她的一个同伴是当地人，这才使她幸免于难！

探险途中，玛丽披
荆斩棘穿过密林。

旅行纪念品

在旅行过程中，玛丽带着一把刀和一把手枪来保护自己，
但即便面临险境，她也从未使用过它们。相反，她更喜欢依靠
自己的智慧和对当地风土人情的了解来解决难题。

她代表大英博物馆收集了许多动植物标本，并带回了一些
昆虫、爬行动物和鱼类新物种。

回到家乡后，她写下了自己的游历见闻，并就非洲社会情况进行演讲。她严厉批
评欧洲对非洲的干涉，谴责基督教传教士破坏了当地的宗教信仰。

1898 年，玛丽自愿在南非布尔战争期间担任护士。她在旅途中逃过了许多热带疾
病和传染病的侵扰，却在为南非工作时死于热病，真可谓残酷的讽刺。直到生命最后
一刻，她仍然很勇敢，也很坦率，她请求独自离世，不想让人看到她虚弱的样子。

托尔·海尔达尔

探险家

托尔·海尔达尔靠星星导航穿越太平洋。

托尔·海尔达尔，生于挪威拉尔维克，是一位人类学者、海洋生物学者，也是一名探险家。他乘坐仿古木筏"康提基号"，从秘鲁卡亚俄港航行到南太平洋图阿莫图岛，这一航程长达 4300 海里（约合 7964 千米），他因此名声大噪。

托尔·海尔达尔想要证明一个理论：波利尼西亚群岛（横跨太平洋中部和南部、呈放射状分布的上千个岛屿），其原住民是从南美洲乘木筏漂流到那里的。他愿意进行危险得令人心惊肉跳的海上航行来证明其观点……

托尔·海尔达尔
1914—2002

1946 年，托尔·海尔达尔就这一问题向专家表达了他的看法。专家认为他一派胡言，他们说波利尼西亚的原住民从远东（译注：西方人所说的地理概念"远东"指今天的东亚、东南亚和南亚）而来，跟托尔·海尔达尔说的方向正相反，而且古时候根本无法实现他宣称的那种远洋航行。但海尔达尔坚信自己的想法是对的，为了验证自己的观点，他决定扬帆起航。

木筏

海尔达尔召集了五名朋友组成船员，他们完全使用古代的技术和材料，造出了一只仿古木筏。木筏长约 9 米，宽约 4.5 米，是用麻绳将 9 根巴尔沙原木系在一起做成的。他们仅有一间用香蕉叶充当舱顶的竹制小船舱遮风挡雨。操纵筏子，只能靠风帆或划桨。海尔达尔用古代印加太阳神的名字"康提基"为这只木筏命名，还将太阳神那张带胡子的脸画在船帆上。

1947 年 4 月，他们划船从秘鲁海岸出发，木筏在水面上颠簸前行，咯吱作响。尽管他们随身带着现代无线电通信设备，饮用水大多装在易拉罐里，但他们还是尽可能地食用古代印加人当时能够拥有的物资，包括甘薯、椰子之类的水果以及沿途捕获的鱼。他们的计划是随波逐流，让太平洋的洋流带着"康提基号"漂流。这次航海纯粹靠太阳、星星和风导航，就像古代一样。

几乎没有人指望海尔达尔和他的船员能活着回来。

登陆！

小筏子面临的是波涛汹涌的大海，海浪往往比桅杆还高。船员们见识了各种各样的海洋生物，包括凶猛的鲨鱼和巨大的鲸鱼。

在航行的第 93 天，他们终于遥望到海平线上的陆地。一周后，黎明时分，他们在海面附近遇到了一块礁石。锯齿状的珊瑚礁将"康提基号"严重损毁，但幸好船员们安全着陆了，他们发现自己抵达了目的地——来到了图阿莫图群岛的拉罗亚珊瑚环礁。他们被一艘法国帆船救起，这艘帆船把他们和受损严重的"康提基号"一起带到了附近的塔希提岛。

海尔达尔将整个冒险经历写成了一本书，这本书在全世界广受欢迎。他继续进行了很多次其他同样危险的航行，其中最著名的是他驾着一艘古埃及纸莎草制成的船穿越大西洋，即"太阳神拉号"探险和"太阳神拉二号"探险。

尽管海尔达尔不听信专家意见，用"康提基号"证明了古代人可以进行这样的航行，但他关于波利尼西亚人起源的理论仍然很难被世人接受。直到今天，他的观点依然饱受争议。

南希·韦克
努尔·伊纳亚特·汗
克里斯蒂娜·斯卡尔贝克
特工

第二次世界大战期间，欧洲大陆的大片地区被纳粹占领。在此背景下，出现了一个情报组织——"特别行动局"。"特别行动局"是一个绝密组织，旨在使用卧底特工来帮助英国及被占领地区的盟友。要成为一名特工，需要十足的勇气。女性最适合当特工，因为在那个时代，士兵和间谍通常被想当然地认为是男性！这就意味着，比如，一个女人可以在购物篮里携带秘密文件而不被注意，但一个男人在挎包中携带相同的文件，看起来就会很可疑。

南希·韦克——
"白耗子"

1944 年，当意气风发、个性严肃的新西兰人南希·韦克加入特工组织时，她已经救过数百人的命，因为她曾为法国著名抵抗组织——"法国地下抵抗运动"工作，将士兵和平民从法国南部偷偷转移出去。加入特工组织时，南希正在躲避纳粹的抓捕，纳粹分子恨恨地称她为"白耗子"，因为他们一直抓不住她。

南希·韦克骑了三天三夜自行车，去传送紧急情报。

作为特工，南希协调了一群同志，总计超过 7000 人。南希非常善于组织和隐藏自己的情报网络，以至于一支超过 20000 人的德国部队也无法阻止他们的活动。

南希·韦克在法国的一个重要任务，是让伦敦和抵抗组织之间保持联系。有一次，发送无线电信息的密码丢失了，她就骑了三天三夜自行车，共骑行了 500 千米，赶到另一个无线电通信站向盟军传达消息。然后，又在她的离去引起怀疑之前返回。

南希·韦克
1912—2011

代号"玛德琳"的努尔·伊纳亚特·汗

努尔·伊纳亚特·汗住在伦敦,但出生于俄罗斯,她是一位印度王子的女儿。她很矜持,还带着点腼腆,你怎么也想不到她会是特工。她还是一位出版过诗歌和儿童故事的作家,并深受和平主义(即永远不认同暴力)的影响。

尽管如此,她还是在 1940 年自愿服兵役,并成为一名熟练的无线电通信操作员。她铁了心要为战争效力,使她如愿被分配到特工部门。1943 年,她伪装成一位名叫珍妮-玛丽·雷尼尔的护士,使用代号"玛德琳"前往巴黎,开始与法国抵抗运动组织合作,将重要信息在英法之间传递。

努尔·伊纳亚特·汗
1914 —1944

卧底巴黎

她到达巴黎后不到一周,她的组织就被纳粹发现了。特工和抵抗组织的战士接连迅速落网。但努尔·伊纳亚特·汗设法逃脱了,很快她就成为硕果仅存的特工!

她的特工培训师曾严重怀疑像她这样敏感的人是否适合从事卧底工作。他们认为,当最坏的情况发生时,她可能会吓瘫。

但努尔·伊纳亚特·汗证明,他们大错特错!伦敦方面让她逃跑。她拒绝了。作为巴黎留在英国的唯一一名电台联系人,她不会放弃她的职责。那些仍在巴黎及巴黎周边地区的特工比以往任何时候都更需要她。连续三个月,努尔过着被追捕的生活。几乎每一天,她都要带着无线电设备搬迁到一个新地方,并换一个伪装身份。她以惊人的勇气继续为抵抗运动传递情报。

努尔·伊纳亚特·汗乔装打扮,在巴黎走街串巷。

最终,她因一个双重间谍的出卖而被俘虏,但直到此时,她依然保持冷静。起初,她向纳粹提供假消息,但在两次越狱尝试功亏一篑后,她成为第一个被送进德国高警戒级别的普福尔茨海姆监狱的英国特工。1944 年 9 月,她被处决。目击者说,她使尽最后一口气,用法语说出了一个单词——"自由"。

克里斯蒂娜·斯卡尔贝克——代号"克里斯汀·格兰维尔"

克里斯蒂娜·斯卡尔贝克来自波兰，出身贵族家庭，在战争开始后不久抵达伦敦。她性格开朗自信，思维敏捷，在压力下仍能保持冷静，似乎很享受处于危险的情境之中！温斯顿·丘吉尔曾称她为"我最喜欢的特工"。

她曾伪装成新闻记者完成了许多任务。她几次跳伞进入匈牙利，滑雪越过喀尔巴阡山脉进入波兰，与抵抗组织取得联系，然后再滑雪出境！斯卡尔贝克在波兰给纳粹制造了许多麻烦，以至于每个火车站都张贴了海报，提供丰厚的赏金缉拿她。

克里斯蒂娜·斯卡尔贝克
1908 —1952

克里斯蒂娜·斯卡尔贝克在监狱外面走来走去，吹着口哨，向监狱里的人传递暗号。

早期在波兰执行任务时，在一家满是纳粹分子的咖啡店里，她的真名突然被大声喊出。原来，她被一个不知道她是间谍的老朋友发现了。斯卡尔贝克冷静地说服她的老朋友承认认错了人，然后斯卡尔贝克坐下来喝咖啡，直到纳粹不再怀疑。

救援任务

她最大胆的任务，是 1944 年在法国营救另外三名特工。为了查明那几名特工是否被关押在某个监狱里，她在那个监狱外面走来走去，吹着口哨传递暗号，直到狱中有人吹口哨回应。然后她走进监狱，告诉警卫她是英国特工，并且成千上万名盟军正在赶过来。她让看守相信，如果他们在大部队到达前没有放走关押的囚犯，他们就会遇到大麻烦。她是如此严厉和让人信服，以至于警卫上了当并真的释放了特工！

哪怕在英国政府中，特工组织的存在，也属于极少几个人才知道的机密。第二次世界大战以后，不管特工是男是女，他们的身份和功绩，多年来鲜为人知。2009 年，在伦敦泰晤士河南岸、国会大厦对面，树立起一座纪念该组织的小型纪念碑。

马修·韦布

游泳健将

马修·韦布这个名字今天没有多少人知道，但在英国 19 世纪，他是最著名的英雄人物之一。韦布是天生的游泳健将！家中兄弟姊妹十四个，他自学了游泳，12 岁时便以学徒的身份加入商船队，并在各种船上服役。1875 年，韦布成为第一个在无外援支持的情况下，独立游过英吉利海峡的人。

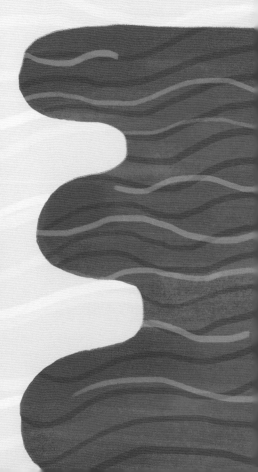

马修·韦布
1848—1883

英雄人物

游过英吉利海峡并不是马修·韦布初次成名。1872 年，他成为冠达邮轮"俄罗斯号"的大副。行驶到大西洋途中时，一名男子落水。韦布毫不犹豫地潜入冰冷的海水中，耗时 35 分钟，试图找到那名失踪的乘客。令人遗憾的是，他未能找到，但这件事引起了英国媒体的注意。他们的报道使马修·韦布成为英雄人物，马修·韦布的勇敢为他赢得了奖赏。但还不止于此，第二年，马修·韦布还救了弟弟托马斯一命，使弟弟免于在家乡的河里溺水身亡。

似乎不可企及的目标

当马修·韦布听说最近有人试图游过英吉利海峡——这被认为几乎是不可能完成的任务——但失败了时，韦布就知道他找到了自己的人生抱负。

他辞去了工作，成为一名全职游泳运动员。要实现目标，他需要游过英吉利海峡最窄的部分，即多佛尔海峡（从英国的多佛尔到法国加来的格里内角），距离约为 37.8 千米。

经过大量训练，到 1875 年夏天，韦布已经做好了准备。8 月 12 日他的第一次尝试，却堪称一场灾难，强风和波涛汹涌的海面迫使他折返。但韦布不会轻易放弃，两周后他又试了一次。

为荣耀而游

　　这次天气好多了，韦布下定决心，全神贯注地潜入海中。他身上包裹着海豚脂肪，以抵御冰冷的海水。在三艘小型支援船的簇拥下，韦布采用蛙泳姿势，以稳定的速度出发。这场穿越是一项艰苦的考验耐力的壮举。8 个小时后，他已经很累了。就在这时，他又被水母蜇了。但韦布继续向前游。潮汐使他严重偏离了航向，以至于他游了将近两倍的距离，从预计的 37 千米，达到了实际的 64 千米。长达 5 小时，加来附近的强劲海流使他无法抵达法国海岸。但韦布仍不放弃。当他到达时，他已经精疲力竭了。截至此时，他已经在水中待了 21 小时 45 分钟！

　　他做到了！他现在比以往任何时候都更像一位伟大的英雄。此后，他到处演讲，参加比赛，参加特别活动并进行特技表演，有一次他甚至在水箱里漂浮了 128 个小时！作为大名人，韦布为很多产品代言并出现在各种商品上——从纪念杯到火柴盒，他无处不在。

马修·韦布英勇无畏地横渡英吉利海峡。

简·莫里斯
田部井淳子

登山家

珠穆朗玛峰是一个气候环境极端恶劣之处：平均气温 –40℃，飓风、风暴肆虐，越往上空气越稀薄，在这里如果不使用氧气罐，就会对身体造成严重伤害……而且，说这些的前提是，你没有遭遇雪崩，也没有滑跤摔断骨头！那为什么要去攀登如此危险的珠穆朗玛峰呢？乔治·马洛里有一句著名的回答："因为它就在那里呀。" 1924年，乔治·马洛里的探险队是第一批尝试登顶珠穆朗玛峰的探险队之一，但他和他的团队再也没能回来。

莫里斯大胆地冲下珠穆朗玛峰。

1953 年，新西兰的埃德蒙·希拉里和西藏的丹增·诺盖作为一支大型探险队的成员，首次登上了海拔约为 8850 米的珠峰。他们于 5 月 29 日上午 11 点 30 分到达世界之巅，在那里待了 15 分钟，拍照并留下了一些巧克力。

简·莫里斯

1953 年珠穆朗玛峰探险队的成员中，有一位来自威尔士的记者莫里斯。莫里斯第二次世界大战期间曾在军队服役，当时他是伦敦《泰晤士报》的记者。登山者们一回来，莫里斯就从 6700 米高的大本营出发，冲向无线电发报机，报道这一重大消息。夜幕降临，脚下的冰咔嚓作响，莫里斯一路飞奔！这份为避免泄密而用密码发送的新闻报道创造了历史。莫里斯后来拥有记者、小说家、历史学家、旅行作家等多重身份，受到高度赞誉。

简·莫里斯
1926—

莫里斯自己的人生故事也很有历史意义。在珠穆朗玛峰探险时，其名字是詹姆斯·莫里斯，但在 1972 年接受了变性手术后，其名字变成了简·莫里斯。当时，人们对性别认同的理解和讨论远不及今天，但莫里斯鼓起了巨大的勇气，公开承认自己进行了变性。

田部井淳子

自 1953 年以来，许多人挑战攀登珠穆朗玛峰，田部井淳子是其中最著名的登山者之一，她是一位打破多项纪录的日本登山家。在她 10 岁时，学校组织了一次去纳苏火山的旅行，从此她就迷上了登山。

田部井淳子
1939—2016

20 世纪 60 年代，田部井成立了日本女子攀岩俱乐部，她们组成了一个 15 人的小组，计划在 1975 年攀登珠穆朗玛峰。那年 5 月 4 日午夜过后不久，当她们在海拔 6300 米的地方处于睡梦中时，一场突如其来的雪崩把她们活埋了！田部井被困在帐篷里，昏迷过去。幸运的是，她们的夏尔巴人向导很快救出了她们，没有人受重伤。她们没有被吓倒，休整了几天后继续攀登，5 月 16 日，田部井成为第一位登顶珠穆朗玛峰的女性。

田部井淳子后来登上了 70 多个国家的最高峰。1992 年，她成为第一位登上过七大洲最高峰的女性，其中包括非洲的乞力马扎罗山和南极洲的文森山。

田部井淳子在一场突如其来的雪崩中获救。

霍华德·卡特

考古学家

霍华德·卡特
1874—1939

1922 年 11 月，一位身材高大、沉默寡言、略带英格兰诺福克口音的人完成了历史上最伟大的考古发现，他就是霍华德·卡特。霍华德·卡特组织人花了好几年时间在埃及的帝王谷一带进行挖掘，寻找古代陵寝，却一无所获，而与此同时，他的赞助人、富有的卡纳文勋爵却资金告罄，并渐渐失去了耐心。

搜寻仍在继续

但卡特仍然相信，一位鲜为人知的法老——图坦卡蒙的最后安息之地就在帝王谷某处，那位法老只统治了短短几年，便英年早逝。经过多年寻找，卡特终于得偿所愿！

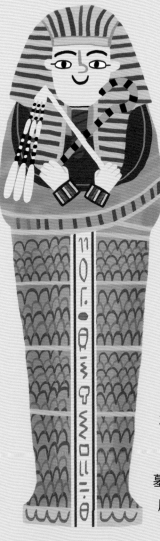

这一发现始于卡特雇的埃及工队挖到了一块石板。工人们看到露出一条石板边缘，意识到这是一块石阶，然后他们很快便挖出了更多石阶——它们通往一处用灰泥封住的门。在封住的灰泥门上，可以看到一些古代象形文字。这个封口后面是一条走廊，里面堆满碎石。碎石被清理掉之后，第二个封口出现了。上面的铭文（是用象形文字书写的人名）更加清晰：图坦卡蒙……图坦卡蒙……图坦卡蒙……

只有一件事浇灭了卡特不断增长的兴奋感：这两个灰泥门封口的左上角，显然是几千年前被打破过又重新封上的。也就是说，有人曾进过这座陵墓。墓室很可能是空的，就像人们在山谷里发现的其他墓室一样。

墓穴打开了

卡特让人把找到墓穴的消息告诉了卡纳文勋爵，卡纳文勋爵带着他的女儿伊芙琳·赫伯特夫人赶到了埃及。11 月 26 日下午，他们站在了第二个封口前。卡特用锤子和凿子在灰泥门上凿了个小洞，闷热的走廊上尘土飞扬。

当灰泥门封口上的小洞被凿穿时，一股热浪涌了出来，好像这座陵墓正在释放出垂死的喘息。卡特将门上的洞凿得更大，以便把胳膊伸进去。他伸进胳膊，把蜡烛举得尽可能远，眼睛凝望着墓穴深处的黑暗。

"看到什么了？"卡纳文急切地问道。

霍华德·卡特
在一座古墓中发现
了惊世珍宝。

"了不起的东西！"卡特回答。

里面堆满了古代珍宝。在烛光映照下，宝物发出灿灿金光。

古代面具

那天晚上，卡特和卡纳文、伊芙琳夫人悄悄潜回了古墓。他知道他们发现宝物的消息会像闪电一样迅速传播开来，他必须在媒体蜂拥而至前好好地自行评估一下古墓的价值。

他们三人爬进了房间。数百件物品中有一些已经破损或散落了，这是陵寝早先曾遭人盗墓的证据，但第三道灰泥门封口仍然完好无损。他们在第三道门的底部挖了一个小洞。从那个小洞钻进墓室之后，他们才意识到卡特究竟发现了什么！这里正是图坦卡蒙法老本人的陵寝，他的木乃伊被套在一层又一层的棺椁里，这些棺椁几乎填满了这个装饰精美的墓室！可想而知，近三千年来，没有盗墓贼光顾过这里。

这是迄今为止发现的最为完整的埃及古墓，光是清理和编目就花了 10 年时间。今天，这些东西被保存在埃及的首都开罗，其中许多珍宝都公开展出，包括现今世界上最著名的文物之一 ——图坦卡蒙的黄金面具。

安妮·邦尼
玛丽·里德

海盗

1650 至 1720 年经常被称为海盗的黄金时代，这段时间总是与埋藏的财宝、眼罩、肩膀上的鹦鹉及"升起旗来，伙计们！呦——嗨——呦"的口号联系在一起。然而，这些联系几乎都不靠谱！另一个有关海盗的认知误区是，人们以为所有的海盗都是男性。

安妮·邦尼
1697—1782

玛丽·里德
1685—1721

安妮·邦尼和玛丽·里德就是两个臭名昭著的女海盗，她们同在杰克·拉克姆的海盗船上，并以作战剽悍和脾气暴躁而闻名。两人都是被当成男孩抚养长大的——这是她们的父母为了从亲戚那里多骗点钱而使出的伎俩！

安妮·邦尼

邦尼来自爱尔兰，她在巴哈马群岛遇见了杰克·拉克姆。杰克并不是最成功的海盗，比起他的海盗事迹，更有名的是他喜欢穿色彩鲜艳的衣服，但自从安妮·邦尼加入他的船队后，他的运气变好了。

传说她曾单枪匹马俘获过一艘法国商船。她做了一具假尸体，并在上面涂满红漆。当商船驶近时，他们看到她举着"死尸"，又将一把斧头举过头顶，还发出令人毛骨悚然的大叫！船员们吓坏了，没有反抗就投降了。

玛丽·里德

玛丽·里德在邦尼和拉克姆袭击了她乘坐的船后加入了他们。她和邦尼成为亲密的朋友。里德很快就像其他男性船员一样可怕和残忍。这在一定程度上是因为她有几年时间曾乔装成男人，与英国和荷兰军队作战。

拉克姆的船员主要袭击在牙买加和西印度群岛周围航行的船只。邦尼和里德总是最活跃、最得力的船员，她们头上系着汗巾，一手持剑，一手拿枪。

海盗生涯的终结

然而，拉克姆他们的好运并没有持续多久。1720 年 10 月的一个深夜，一艘单桅帆船悄然靠近了拉克姆的海盗船。这是牙买加总督雇佣的一艘属于英国国王的船，用来追捕海盗。

安妮·邦尼和玛丽·里德乘坐海盗船，称霸海上。

船长要求拉克姆和他的船员投降。只有邦尼和里德不改海盗本色。拉克姆逃进了船上的货舱，其余的海盗也躲在那里，他们都吓得不敢面对总督的人马。邦尼和里德孤军奋战，竭尽全力地反击。里德一度朝船舱里喊话："如果你们当中还有男人的话，就上来打一场！"但毫无用处。

拉克姆、邦尼、里德和其他海盗船员在牙买加受审，被判处了死刑。邦尼和里德采用了"求助于肚子"的策略，都说自己怀孕了，因此按照英国法律不能被处决。

第二年，玛丽·里德在狱中死于高烧。安妮·邦尼后来怎么样了，谁也不知道。

尼尔·阿姆斯特朗
埃德温·巴兹·奥尔德林
迈克尔·科林斯

宇航员

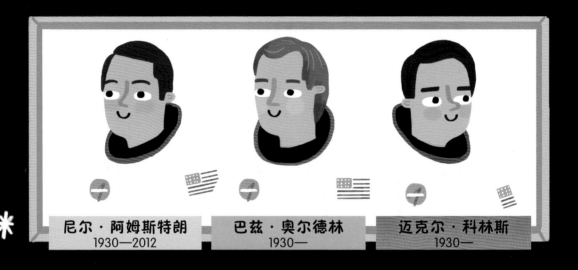

尼尔·阿姆斯特朗	巴兹·奥尔德林	迈克尔·科林斯
1930—2012	1930—	1930—

第二次世界大战后的 40 年里，苏联和美国之间进行着激烈的竞争，被称为"冷战"。"冷战"的一个重要内容是太空竞赛。1957 年，苏联发射了人造地球卫星 1 号，这是第一个进入地球绕行轨道的人造物体。

这是一个简单的球棍装置，但它是一项伟大的科学成就。接下来，1961 年，苏联宇航员尤里·加加林又成为第一个进入太空的人，震惊了世界。很明显，苏联在太空竞赛中遥遥领先。1961 年，美国总统约翰·肯尼迪公开立誓，美国将于 1970 年之前将人类送上月球。

比赛升温

美国和苏联都曾多次尝试将不载人飞行器送上月球。他们失败了无数次——飞行器在起飞时爆炸或完全偏离轨道——但有时候也获得了成功。这两个国家都已成功地将探测器降落在月球表面（主要是硬着陆，但这是有意为之，因为这些探测器就是为了在撞击后能够幸存下来而设计的），数千张拍摄月球表面的照片被传回地球，可从中选择载人飞行器的着陆点。美国不会不战而退。

阿波罗 11 号任务

1969 年 7 月 16 日，在美国佛罗里达州奥兰多以东的卡纳维拉尔角，火箭发射场周围的道路、田野和海滩上人山人海，还有数百万人坐在电视机前观看直播。他们翘首以待的是三人组太空任务——阿波罗 11 号将开启历史性的征程，把一个载有两名宇航员的小型飞行器降落在月球上。

这个小型飞行器被安置在土星 5 号火箭——一个看起来像巨大子弹的东西——的尖端。土星 5 号在机组人员的飞行舱下面，是一个巨大的燃料箱。

紧紧系牢安全带的三位宇航员是尼尔·阿姆斯特朗、埃德温·巴兹·奥尔德林和迈克尔·科林斯，他们都是经验丰富的军事飞行员，为出征月球进行了多年训练。最后检查完毕，观众的期待越来越高。上午 9 点 30 分左右，阿波罗 11 号终于发射升空，浓烟和烈焰在火箭下面喷涌而出，飞船一路上升，上升，上升，进入万里晴空深处。

1 分钟后，它以超音速（1192 千米／时）运行。

12 分钟后，它进入了环绕地球的运行轨道。

土星 5 号火箭发射了！

通往月球之旅

由于燃料耗尽，火箭的部分部件被遗弃。最终，在太空中飞行的只有一个粗短的小型指令舱，它与外观精致、蜘蛛状的登月舱（被称为"鹰号"）面对面相接，最终将降落在月球上。

宇航员和他们的宇宙飞船花了大约三天时间，到达与地球相距 38.4 万千米的月球。使航空飞行器保持在预定轨道运行是一项极其复杂的需要将数学运算和工程设计相结合的工作。那个时候地球上最强大的计算机放到现代，充其量也不过是一个袖珍计算器。阿波罗 11 号的制导计算机，总内存只有 64 千字节——比如今智能厨房用具的内存还要少。想象一下吧，凭借一台烤面包机把你送上月球！

7 月 19 日，指挥舱进入环绕月球轨道，按照计划绕月 30 圈，而宇航员密切关注着陆点，着陆点选择在静海（那里实际上不是海，而是一个适合着陆的平坦地区，其表面没有可能会对登月舱造成损坏的岩石）。到此为止，一切都很顺利。

41

月球表面

7月20日，尼尔·阿姆斯特朗和巴兹·奥尔德林爬过连接管道，进入"鹰号"登月舱，迈克尔·科林斯留在驾驶舱监视着陆。随着一声巨响，"鹰号"分离出来，开始慢慢地向月球表面降落。

片刻之后，阿姆斯特朗和奥尔德林突然意识到他们的登月舱大约提前了4秒钟经过了登月点。这意味着"鹰号"会超出着陆点数千米。导航器开始发出警报。阿姆斯特朗望向窗外，周围都是巨石。他意识到如果他们不马上找到解决之道，登月舱将会撞到一个100米高的岩石坑里！必须当机立断！

接受过此类紧急情况训练的两位宇航员迅速控制了登月舱的导航系统。奥尔德林报出了他们的速度和离月球表面的距离，阿姆斯特朗则根据这些数据相应地调整了计算机控制系统。在只剩下25秒燃料的情况下，"鹰号"安全着陆了。

几分钟后，地面控制中心听到这样的消息："休斯顿，这里是静海基地。"

地面控制中心
爆发出一片欢呼！

人类的一大步

着陆六个半小时后，"鹰号"侧面的舱门慢慢打开了。尼尔·阿姆斯特朗穿着一件笨重的白色宇航服，小心翼翼地踏上了短梯，将脚伸向了月球表面。连接在着陆器上的电视摄像机，将这一场景传送给了地球上的数亿人。

阿姆斯特朗着陆了，他一只脚踩在月球表面时，说出了人类历史上非常重要的一句话："这是个人的一小步，却是人类的一大步。"

在接下来的两个半小时里，阿姆斯特朗和奥尔德林探索了月球的地形。他们做笔记，拍照，挖掘土壤样本，在低重力下蹦跳，并很小心地避免在松软、尘土飞扬的月球土壤上滑倒。他们在月表插了一面美国国旗，这面旗在他们起飞回家的时候被风吹翻了！他们还留下了一些纪念品，包括一个光盘，里面有 73 位世界领导人的留言。

回家的旅程

回家的路程又花了三天。到那时为止，巨大的土星 5 号火箭只剩下了一个小小的锥形太空舱。当太空舱穿过地球大气层下落时，由于与空气发生摩擦，其底部被烧焦了。机头上的三个降落伞帮助它在坠入太平洋时实现减速。阿波罗 11 号的太空舱在海浪中颠簸了一个小时，直到一艘美国军舰把它打捞上来。

宇航员的成功归来，引发了各地的庆祝活动！然而，阿姆斯特朗、柯林斯和奥尔德林却暂时不得参加，因为他们被隔离了三个星期！这是为了防止他们从太空带回未知的病原体。

他们于 8 月 16 日出现在公众面前，受到了热烈欢迎。纽约、芝加哥和洛杉矶都举行了庆祝他们登月成功的游行。

今天，阿波罗 11 号的太空舱在美国华盛顿特区的史密森博物馆展出。太空舱的底部仍留有它在大气层中下降时烧焦的斑驳痕迹。

美国

尼尔·阿姆斯特朗和巴兹·奥尔德林在月球表面跳来跳去——他们是第一批踏上月球的人。

安妮·埃德森·泰勒

教师、铤而走险者

几乎所有的冒险壮举都属于"千万不要在家里尝试"的类别，尤其是现在要说的这个！安妮·埃德森·泰勒，一位美国教师，做了一件以前没有人尝试过的事情。1901 年 10 月 24 日，她坐着木桶顺流而下，穿越了尼亚加拉大瀑布！

一个危险的想法

安妮·泰勒的丈夫在美国内战中阵亡后，她在美国四处漂泊，生活越来越困窘。到了 1900 年，她知道她需要想出一个生财之道，否则余生都要在贫困中度过了。她想，如果做出穿越尼亚加拉瀑布这样吸睛而危险的壮举，应该会给她带来名气和财富吧？

安妮·埃德森·泰勒在跳入尼亚加拉瀑布之前，向人群挥手致意。

安妮·埃德森·泰勒
1838—1921

尼亚加拉瀑布位于加拿大和美国的交界处，是北美最壮观的瀑布，垂直落差超过50米。她使用的是一个由橡木和铁制成的定制泡菜桶，大约1.5米高。木桶里面衬着一张床垫，桶壁上写着"雾中女王"几个大字。在桶的底部密封了一块铁板，以便使桶可以在水中直立摆动。泰勒在活动前几天用这个桶做了个测试，在里面放了一只猫，让桶滑下瀑布，令人惊讶的是，这只可怜的动物活了下来！

泰勒聘请了一名经纪人帮忙宣传她的这一冒险活动，活动当天有数千人到场观看。不过，即便有那么多人，她也只能孤军奋战，独自承担风险。

准备好铤而走险

下午4点，泰勒带着她的一只幸运心形状的靠垫爬进了桶里。水桶盖子被拧上了，只有一个自行车打气筒被用来向里面打气。木桶漂到离瀑布几百米远的河中央，然后绳子被割断。现在已经没有回头路了。泰勒待在桶里，桶被涌动的河水推着，越推越快，最后在瀑布的边缘掉了下去。

围观者有好几分钟
看不见她的踪影。

最后，他们在瀑布脚下看到了疾速穿过激流的木桶。泰勒没有受伤，只是额头上破了一道口子——这是她被拉出木桶时留下的。从她回到地面的那一刻起，她就发誓再也不做这种冒险事了。她说："我宁愿走到大炮口，让它把我炸成碎片，也不愿再跟着瀑布跑这么一趟。"

尽管冒了这么大风险，安妮·泰勒却并未从她的这一壮举中赚到多少钱。报纸上全是有关她的报道，这个故事被大家讲了好几天，但很快就被遗忘了。她向别人讲述自己的冒险经历，却收获甚微，故事的后续是她追踪她的经纪人——他偷了她乘坐的木桶，带着它跑了！

迈克·霍恩

自然资源保护主义者、探险家

迈克·霍恩出生于南非，是一位自然资源保护主义者，也是一名探险家，据说他是当今世界上去过最多地方的人。他的探险范围之广，令人瞠目结舌。

迈克·霍恩
1966—

纵游亚马孙河全程

他的第一次重大旅行是沿着南美洲纵游亚马孙河全程。在秘鲁太平洋沿岸，他爬上安第斯山脉，来到了河流的源头。他独自一人花了六个月，在亚马孙雨林中走了7000千米。他没有随身携带任何食物或水，只在雨林中寻找食物，并睡在极其危险的河岸。出发前，他曾在巴西接受军事训练，所以他知道什么东西可以吃，以及河中有什么动物可能会发动突然袭击，包括短吻鳄、形形色色的蛇、电鳗、牛鲨和食人鱼。更匪夷所思的是，他一路游泳所凭借的只是一块"水上飞"——一种人可以紧紧抓住的板，形状有点像半个冲浪板。

首次沿赤道独自旅行

霍恩的"零纬度"赤道之行是世界上首次沿赤道独自环游世界的旅行。像以前一样，他还是独自一人，而且没有借助机动车的支持。他从非洲加蓬出发，坐帆船、骑自行车、划独木舟或徒步向西行进。他穿过海洋、沙漠和雨林，环绕地球一周后，又回到非洲，徒步穿越非洲大陆。在刚果民主共和国，叛军认为他是间谍，逮捕了他。他被带到行刑队面前，直到最后时刻才在一名当地警察的干预下逃脱。

第一个不借助机动交通工具环游北极圈的人

他还做了一次类似的为期两年的旅行，成为第一个不借助机动交通工具环游北极圈的人。他的旅程长达 2 万千米，穿越了格陵兰岛、加拿大、阿拉斯加、白令海峡和西伯利亚，所依靠的只是一架装载着 180 千克设备和食物的凯夫拉雪橇。

在一片漆黑中去北极

2006 年，他与挪威探险家伯耶·奥斯兰一起，在一片漆黑中，从俄罗斯的亚提克斯角滑雪到北极。在北极冬季没有日光的两个月里，他们甚至没有使用狗拉雪橇。他们穿过纸一样的薄冰，甚至经常不得不游过冰冷的北极水域。

迄今为止最长的南极南北穿越

最引人瞩目的是，霍恩在 2017 年 1 月 9 日完成了有史以来最长的单人、无外援的从北向南南极穿越。他用风筝和滑雪板在 57 天内完成了 5100 千米的行程。

霍恩还是一位颇有成就的登山家，也是一位致力于环境保护问题的活动家。2015 年，他从瑞士到巴基斯坦，开车穿越了 13 个国家，以攀登乔戈里峰结束旅程。在他为期四年的"盘古大陆"全球探险环保活动中，他旅行到世界各地，建立了一系列生态项目，并使水污染、冰盖融化和生物多样性威胁等问题引起公众关注。

他的家人也参与了他的探险：2005 年，他十几岁的女儿安尼卡和杰茜卡在−35℃左右的低温下，滑雪穿越了无人居住的拜洛特岛（在加拿大巴芬岛附近），成为有史以来最年轻的滑雪抵达北极的人。

迈克·霍恩伏在一块"水上飞"
漂流板上，沿亚马孙河顺流而下。

贝茜·斯特林菲尔德

摩托车手、铤而走险者

你听说过"死亡之墙"吗？想象一下，在一个直径约 9 米、高约 6 米的巨大木制圆柱形场馆里，观众坐在高处，从上往下观看你的表演。你的任务是在圆柱体的内壁上骑摩托车，并以与它垂直的角度快速旋转。当你这样骑摩托车时，观众还会想看到一些特技展示——比如，在车把上玩身体平衡，或者跪在车座上！

贝茜·斯特林菲尔德
1911—1993

准备好了吗？

在"死亡之墙"上骑行是贝茜·斯特林菲尔德的专长，她是一名摩托车手，于 20 世纪三四十年代在美国巡演。她也在"死亡之笼"中表演过，即在一个巨大的球体里骑着摩托车上下翻滚，表演 360° 翻转特技！

在世界各地穿梭

斯特林菲尔德十几岁的时候，最想要的东西是一辆摩托车，它胜过世间万物，尽管那时她甚至连坐也没坐过摩托车。在 1928 年美式摩托车传奇车种"印第安童子军"的模型上，她自学了骑摩托车。1930 年，19 岁的她开始了长达 20 多年的摩托车之旅。她主要是在美国各地骑行，也曾去过巴西、加勒比海的海地岛和欧洲部分地区。她常常铺开地图，抛硬币决定下一个目的地——硬币落在地图上的哪里，她就去哪里！

在 20 世纪 30 年代，世界上的道路仍然主要是土路，还没有高速公路这回事。而且，如果你的车在荒郊野外抛锚了，你也得不到任何帮助，你必须自己修车，这一切意味着长途旅行往往很不容易。

贝茜·斯特林菲尔德在可怕的"死亡之墙"上绕圈骑行。

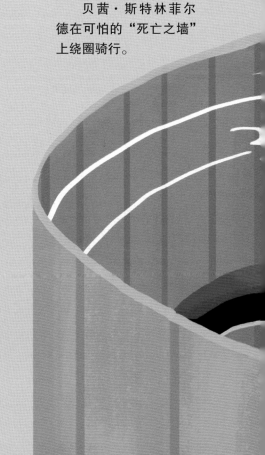

挑战死亡的特技

斯特林菲尔德通过在嘉年华和其他大型活动中表演"死亡之墙"等特技养活自己。她很快就出名了，不仅因为她技艺高超，还由于她是一名黑人女性。当时的法律和社会态度是可耻的种族主义，人们惊讶地看到居然有一名黑人女性在表演这些惊人的特技。

如果可能的话，她还会通过参加摩托车比赛来赚钱。在某次比赛开始前，她知道自己作为女性参赛注定会被排斥，就把自己伪装成一个男人。她与所有男性选手并肩竞技，直到赢得比赛后才摘下头盔，亮出她的真实身份。人群欢呼起来，但比赛组织者拒绝发给她比赛奖金。

面对偏见，贝茜·斯特林菲尔德表现出非凡的勇气。外出旅行时，她经常被酒店拒之门外，但她只是耸耸肩，在自己的摩托车后座上躺下补充睡眠。还有一次，她被一名卡车司机紧紧尾随，那人故意把她赶下公路。幸亏她有一种难得的韧性，她自豪地向世界宣示，没有任何事或任何人能让她自暴自弃。

她更喜欢骑哈雷-戴维森摩托车，多年来她拥有过 27 辆哈雷-戴维森。她结过六次婚，也离过六次婚。她从未在任何地方久住，直到 20 世纪 50 年代搬到佛罗里达州，在那里她被称为"迈阿密摩托车女王"。晚年，她不顾医生的建议，仍然骑摩托车，并且能骑多久就骑多久。她说过的这番话，很好地概括了她自己："我所做的事很有趣，我很喜欢。我一向特立独行。"

梅里韦瑟·刘易斯

军人、探险家

威廉·克拉克

军人、探险家

萨卡加维亚

向导

萨卡加维亚、刘易斯、克拉克穿越北美。

梅里韦瑟·刘易斯
1774—1809

萨卡加维亚
1788—1812

威廉·克拉克
1770—1838

在探险的历史中，一个无法避免的事实就是，经常会发生各种暴力冲突。"探险军团"进行了一次史无前例的伟大探险。他们是一群志愿者，大多来自美国军队，由梅里韦瑟·刘易斯上尉和威廉·克拉克少尉率领。

这次探险的目的是从五大湖以南的圣路易斯开始，向西北穿过现在的蒙大拿和爱达荷州，一直到太平洋海岸。这片地区的一大块土地，通过所谓的"路易斯安那购地案"，刚刚从法国手中买来。

探险军团

他们三年的旅程太太平平，这几乎完全归功于一位和他们同去的女性—— 一个叫萨卡加维亚的印第安人。她在陪同刘易斯和克拉克远征前后的详细生活情况无人知晓，只知道她是肖肖尼部落的一员，在 12 岁左右被他们的对手希达察人俘虏。

当 1804 年探险队遇见萨卡加维亚时，他们刚出发几个月。她当时已怀上了她的第一个孩子，并嫁给了法国商人图桑·沙博诺（尽管她被当作奴隶而不是妻子）。萨卡加维亚和沙博诺加入探险队，负责将美洲土著语言翻译成英语。

穿越落基山脉

在他们的旅行中，购买食物补给时，萨卡加维亚协助进行谈判，有一次，谈判的对方是肖肖尼部落的一些人，结果，她发现现在的肖肖尼酋长是她的哥哥，自从她12岁被绑架以后，她就再也没有见过他！后来，肖肖尼部落的人为刘易斯和克拉克提供了马匹和向导，帮助他们翻越落基山脉。

萨卡加维亚之所以是探险队中非常重要的一员，还有其他原因。当他们遇到其他印第安人时，她的存在确保了双方相遇和平无事。其他印第安人倾向于相信这些来访者（尽管他们中的大多数人以前从未见过一个白人），一部分原因在于萨卡加维亚也是印第安人，另一部分原因则是没有部落派妇女参加战争。在萨卡加维亚的孩子出生后尤其如此（这个男孩的昵称是"帕莫普"，意思是"第一个出生的"），因为带着幼儿参与敌对行动的可能性微乎其微。

萨卡加维亚给探险队带来的不仅仅是和平谈判。当探险队极度缺乏食物时，萨卡加维亚还向他们展示了如何寻找和烹饪克美莲（译注：北美百合科植物）的根和其他可食用植物。她还找到了一些药用植物。

密苏里河上的灾难

萨卡加维亚还曾将探险队从密苏里河的翻船灾难中拯救出来。她和沙博诺乘坐的船在波涛汹涌的河里差点倾覆。当其他人争相上岸时，背上绑着孩子的萨卡加维亚，平静地从湍急的水流中捞回图表、科学设备和其他重要物资。她确保探险队之前所付出的努力没有白费，使得这群人能够继续他们的行程。

刘易斯和克拉克远征是美国历史上的一个里程碑，萨卡加维亚帮助美国殖民者和印第安人建立了和平的关系，当时这种会面往往以流血而告终。当1805年离开探险队时，沙博诺得到了400多美元的报酬和320英亩土地，萨卡加维亚却一无所获。

然而，历史对萨卡加维亚是仁慈的，给予了她应有的认可。多年来，人们用雕像、邮票和货币来纪念她，在电影和音乐中描绘她，还将许多东西以她的名字命名（包括一个湖、一座山和一艘美国战舰）！20世纪初，美国妇女选举权运动将她作为代表性人物。

萨卡加维亚从波涛
汹涌的河流中抢救出了
重要的图表和设备。

53

弗朗西斯·德雷克

私掠船船长

弗朗西斯·德雷克对英国伊丽莎白时代影响巨大，但是按照现代标准，他的是非观很可怕！他一个人对西班牙发动了一场战争，这使他在英国伊丽莎白一世的宫廷中成为英雄，在西班牙人眼中，他则是嗜血的海盗。

弗朗西斯·德雷克
1540—1596

1572 年，德雷克被伊丽莎白一世雇佣，成为一名私掠船船长，这意味着他得到了英国女王的许可，可以抢掠任何东西，杀死任何人，只要他们是西班牙人（英国的伊丽莎白一世和西班牙的腓力二世是死对头）。德雷克从西班牙在美洲的殖民地返航，虽然受了伤，却带来一堆抢掠来的金子，这让英国女王非常高兴。腓力二世气得跳脚，悬赏 2 万金币（大约相当于今天的 400 万英镑），让人捉拿或处死德雷克。

到访世界各地

1577 年，伊丽莎白再次派德雷克出发，去袭击南美洲东海岸的西班牙殖民地，并进一步探索海岸线。德雷克指挥的五艘船穿过大西洋前往巴西，然后向南航行，沿途停靠港口，囤积战利品。

最后，只剩下了德雷克的船——"金鹿号"（最初被称为"鹈鹕号"）。它绕着南美洲的南端航行了一圈，尽管它船体较小，但它可以在太平洋海岸边快速前进。这一带，西班牙的城镇和商船几乎无人看守，因为敌方船只以前从未进入过这片海域！德雷克利用了他们防范薄弱的缺陷，缴获了不少金币、珠宝、金条和银条。

"金鹿号"继续劫掠，一路向北航行，以英国女王伊丽莎白一世的名义占领了加利福尼亚。在向西穿越太平洋之前，它们最远可能到达了阿拉斯加，不过这一点我们不确定。德雷克穿过东印度群岛和印度洋，然后绕过好望角，向北返回欧洲和家乡。

这艘船于 1580 年秋天，满载着宝藏和珍贵的香料，抵达普利茅斯港。德雷克成为历史上继葡萄牙航海家斐迪南德·麦哲伦之后，第二个环游世界的人。英国女王亲自登上他的船，授予他爵士头衔，并赏赐大量现金，欢迎他凯旋。

西班牙无敌舰队

1586 年，西班牙腓力二世立志复仇。德雷克还在美洲海岸劫掠，西班牙人组建了一支"无敌舰队"，这支舰队十分强大，但它还是无法与德雷克的舰队抗衡。德雷克率领二十几艘英国船，驶入西班牙港口加的斯，摧毁了西班牙的舰队。德雷克把这场战斗称为"烧焦西班牙国王的胡子"。

但腓力二世并没有放弃，大约一年之后的 1588 年 7 月，英国康沃尔海岸边出现了 130 艘西班牙船。虽然德雷克的舰船速度更快，也更容易驾驶，但因天气恶劣等因素，双方经过了几番激战，才迫使西班牙人撤退。经此战斗后，西班牙损失的船只超过三分之一。

据说西班牙舰队被发现时，德雷克正在普利茅斯打保龄球。他冷静地说，还有足够的时间击败西班牙人。等他淡定地结束了比赛后，才启程出发。这个故事不一定属实，但它很好地展示了德雷克的个性和他对待敌人的态度。

又一次满载而归后，弗朗西斯·德雷克在他的船上被封为爵士。

玛尔特·克诺卡尔特

间谍

1914 年第一次世界大战开始时，德国军队入侵了比利时。小镇韦斯特罗泽贝克被夷为平地，许多人流离失所，其中有一位年轻的医科学生，名叫玛尔特·克诺卡尔特。

玛尔特·克诺卡尔特
1892—1966

克诺卡尔特强烈谴责敌人入侵，但她需要钱来养活自己和家人，所以她在一家德国军队医院中找了一份工作。在恶劣的条件下，她精心照顾伤患，德国人为表彰她的英勇，授予她铁十字勋章。当时，被敌人奖励并不能让她感到骄傲，但那枚勋章在几年后会派上用场……

成为间谍

1915 年，一位世交故旧露塞尔·德尔多克找到克诺卡尔特，并透露她现在是英国的间谍，想问问克诺卡尔特是否有兴趣加入他们做卧底。克诺卡尔特认为这是一个不容错过的好机会。

在接下来的两年里，克诺卡尔特秘密收集有关敌人军事计划的情报，并悄悄将它们传递给各地教堂的英国人及其盟友。她具备监视德国人的理想便利条件——在医院工作时，或者在父母的咖啡馆帮忙时，她可能会"无意中听到"谈话内容。

她伪装得非常好，以至于一个名叫奥托的邻居以为她效忠于德国人，不知道她在为英国人做间谍，于是给了她一个成为德国特工的机会！有一段时间，她假意配合，向奥托传递假情报，以迷惑敌人。就在奥托开始怀疑她的那一刻，她向英国情报部门告发了他，奥托落网。

克诺卡尔特潜入地下管道，布置陷阱。

克诺卡尔特最冒险的任务也成为她最后一次任务。1916 年，她发现有一条废弃的下水道，直通德国弹药库的正下方。于是，在夜深人静的时候，她和一个代号为"阿尔方斯"的特工沿着下水道潜行，在里面放置了足够多的炸药，要把德国的补给炸上天。

不幸的是，诺克卡尔特在下水道里留下的不仅仅是炸药，她也把手表遗落在里面，手表上刻着她名字的首字母。这条线索直接指向她，她很快就被德国当局抓捕了。

克诺卡尔特被判处死刑。然而，德国军方发现她获得过铁十字勋章，他们不愿意处决一个获得过如此之高荣誉的人，于是把她关进了监狱。

战争结束后，她被释放，并因其英勇，获得了英国、法国和比利时授予她的更多表彰。她去了英国，居住在那里，化名玛尔特·麦克纳，写了一系列间谍小说。

伊本·拔图塔

学者、探险家

意大利商人马可·波罗经常被认为是最伟大的中世纪旅行家，但是摩洛哥学者阿布·阿卜杜拉·穆罕默德·伊本·拔图塔出现了，二者相比，马可·波罗的旅行看起来就像在公园里散步一样！

伊本·拔图塔
1304—1368

在近三十年的时间里，拔图塔的行程长达 12.1 万千米，他访问了四十多个国家，会见了六十余位当权的统治者。时至今日，他的旅行记录仍然可以说是对当时世界的深刻洞察。

旅程开始了

1325 年，21 岁的拔图塔前往圣城麦加，开始了朝圣之旅。

他这样写道："我一个人出发了，没有旅伴帮我鼓劲打气，但我内心自有一种不达目标不罢休的强烈愿望。我决定离开所有我爱的人。我离开了家园，就像幼雏离开了鸟巢。"

接下来，拔图塔有二十多年没再回家。这并非他的初衷，但怎奈他很快就对探索产生了渴望。有机会看到更广阔的世界简直太好了，令人难以抗拒！

他骑着驴，从摩洛哥丹吉尔的家中出发。一路经过的炎热山区到处都是强盗和杀手，所以他很快就加入了一个"大篷车"——朝着同一个方向前进的一群人，为了安全结伴同行。然而，人数众多并不能阻止席卷拔图塔朝圣团的热病。一个团友病死了，另一个团友病得太重，顾不上看管钱财，结果他所有的金子都被偷走了。拔图塔头疼得厉害，他不得不把自己绑在鞍子上，以免从驴背上摔下来。

冒险的未来

当拔图塔到达埃及北部海岸的亚历山大城时，他做了一个奇怪的梦：

"一只大鸟驮着我，带我飞向麦加。从那里到了也门，然后向东，又向南，再向东飞行，最后降落在一个暗绿色的国度，在那里，巨型大鸟离开了我。"

当时和他住在一起的圣徒告诉他，这个梦意味着他将去很远很远的地方旅行。拔图塔想，这是一个征兆，他应该到世界上尽可能多的地方去看看！

此时，拔图塔已经颇有名气。他在家乡学过法律，这些专业知识可以换取金钱或物资。他的学识也让他有机会接触到很多受过教育的人，这对他来说是最重要的，因为朝圣成为一个学习的机会。他到的地方越多，就越发现人们需要他这样的学者。

在访问了埃及的开罗、沿着尼罗河逆流而上之后，他又继续赶往圣城，并在不到一年半的时间里完成了朝圣。从那时起，他给自己定下一个规矩：任何一条路都不走第二次。

伊本·拔图塔骑着驴从摩洛哥出发。

伊本·拔图塔在印度德里迎接苏丹穆罕默德·本·图格鲁克。

印度

拔图塔于 1334 年抵达印度德里。这座城市由穆斯林世界最富有的人——苏丹穆罕默德·本·图格鲁克统治，他给了拔图塔一个"卡迪"（相当于法官）的职位。

即便以中世纪的标准衡量，这个苏丹也是一个暴戾而离经叛道的统治者。他写诗作文，给学者优厚的待遇，但谁敢批评他，就会死得很惨——通常是身体被砍成两半，或者被扔给象牙上挂着刀剑的大象。"这个苏丹，"拔图塔说，"是最沉迷于赏赐和制造流血事件的人。"

尽管如此，拔图塔还是在德里担任了几年"卡迪"，因为这是一份薪水极高的工作。拔图塔甚至在这里结婚了。在他的旅程中，他一共结了十次婚，也离了十次婚！

拔图塔有段时间曾被怀疑与反叛苏丹的人有联系，险些被处决，之后拔图塔被任命为苏丹驻元朝的大使，这让他松了一口气。元朝皇帝派了15名使者去德里，印度苏丹派拔图塔带上一大堆礼物陪使者返乡。

拔图塔这趟远行，由一千名士兵护送，却可谓一场彻头彻尾的灾难。在前往海岸的途中，他们遭到了三千叛军的袭击。护送他的士兵全部散去，拔图塔在沼泽里躲了整整一个星期，除了身上的裤子，什么也没剩下！当他和使者们最终重新集合并登上一艘开往中国的船时，船却在暴风雨中沉没了！拔图塔意识到，如果他回到德里就会被处死，于是他流落到印度洋上的马尔代夫群岛避难，成了岛上女王的"卡迪"。

中国

1345 年，作为一名四处漂泊的学者，拔图塔再次踏上了旅程，来到了位于中国东海岸的泉州。他看到，当地为了安全起见，让艺术家为所有新来的外国人画像，就像现代机场为抵达者拍照一样！

中国给了拔图塔强烈的文化冲击。一开始，他对中国人的衣着、饮食和行为举止感到非常震撼。然而，他很快就开始着迷于中国的丝绸和瓷器，以及中国的风景。大城市杭州的各种景象和声音，让他惊叹不已。最后，他称中国是"最安全、最适合旅行者的国家"。

1354 年，拔图塔回到了家乡，再未离开。摩洛哥的统治者阿布·伊南·法里斯建议他写下他的旅行故事。由于拔图塔长年旅行，从未做过任何笔记，所以他的记忆可能并不总是准确的。

书完成后，拔图塔几乎从历史中消失了。我们知道他是摩洛哥的一名法官，死于1368 年左右，但仅此而已，甚至连他的去世年份也有争议。与历史上许多伟大的航海家不同，伊本·拔图塔旅行，纯粹是为了获得漫游的乐趣和学习的机会。他想去哪里就去哪里，全看心情，还经常在最后一刻改变主意。他以适合自己的速度旅行，当他发现有趣的地方时，就在那里待上一段时间。从他的旅行地图中各个目的地的联结方式，你就可以看出，他通常不朝任何特定的方向前进！

"旅行给你千百条探险之路，为你的心插上翅膀。
旅行让你惊讶得说不出话来，然后把你变成一个讲故事的人。"

圣女贞德

女军事家、法国民族英雄

圣女贞德代表法国冲锋陷阵。

圣女贞德
1412—1431

　　1431年1月，在法国鲁昂的城堡里，一场审判开始了。被告面临70项指控，但这些指控大多是捏造的，包括诬陷她使用了巫术。逮捕她的人一心要看着她在火刑柱上被烧死。在过去的两年里，这名被告已经成为法国人团结和解放的鲜活象征，她几乎全凭个人魅力激发了胜利。她是一个不识字的农家少女，名叫贞德。

　　贞德两岁时，英国国王亨利五世在阿金库尔战役中击败了法国人，占领了法国北部的大片土地。法国在无冕之王查理的统治下，四分五裂，士气低落。

贞德看到异象

　　贞德是一个虔诚的宗教信徒，她声称自己看到了异象。在这些异象的驱使下，她强烈要求与查理见面，最后，查理勉强同意了。在他们会面时，贞德告诉查理，她的使命是把英国人赶出法国，并看到他加冕为王。查理和他的宫廷班底迫切需要一切有助于击败侵略者的力量，所以他们决定试试贞德的主张。

在那个时候，别说 16 岁的女孩了，哪怕年长的妇女，都从来没有参加过战斗，当然也从来没有指挥过军队。但贞德不想让成见阻碍她前进的步伐。她穿上借来的盔甲，挥舞着自己设计的旗帜，率领一支法国军队来到了被英国人包围的奥尔良。在他们到达之前，她让人给奥尔良的英国军事领导人写了一封信，大意是让他们在她到达之前离开这座城市，否则她会迫使他们离开。英国人只是窃笑摇头。

法国人的胜利

英国人对奥尔良这座城市的围攻已经持续了六个月。贞德来了之后，9 天就结束了战斗。一系列的激烈战役把英国人打得落花流水，向整个法国证明英国人根本不是他们看上去的那样不可战胜。这场胜利成为英法战争的转折点。贞德被称为"奥尔良少女"，很快就成为中世纪的超级英雄，鼓舞法国军队继续战斗！后续的战斗带来了更多的胜利，正如贞德所预言的那样，查理很快就加冕为王，成为查理七世。

捕获和审判

然而，贞德并不是战无不胜的——1430 年，她被查理的敌人俘虏，又被他们以高价卖给了英国人，并被囚禁在鲁昂。她为查理做过那么多事，查理却坐视不管，没有救她。她被审问（更确切地说，是被拷问）了三个月，她所说的几乎每一个字都被记录在案，这也是关于贞德的一生我们所知甚详的原因。

起初，审判是公开进行的——英国人急于让法国人看看谁才是老大。然而，贞德面对指控是如此冷静，并巧妙地绕过他们的立论中所设的陷阱，公众坚定地站在贞德这一边。很快，审判就不向公众开放了。英国当局是不会让贞德赢的。1431 年 5 月 30 日，据说有超过一万人观看了对她的处决。贞德时年 19 岁。

在关于勇气、决心和胜利的真实故事中，很少有人像贞德这样引人注目。无论是在战斗中还是在整个审判过程中，她的巨大勇气和坚韧不屈都奠定了她在历史上的地位，今天她被视为法国的守护神。

罗阿尔·阿蒙森
罗伯特·斯科特

极地探险家

　　库克船长勾勒了南极的地图，到了 19 世纪下半叶，国际上竞相探索这个地区，并进行科学考察，角逐最激烈的，是抵达南极点，20 世纪初，罗阿尔·阿蒙森和罗伯特·斯科特接受了挑战。比赛开始了！

罗阿尔·阿蒙森
1872—1928

罗阿尔·阿蒙森

　　罗阿尔·阿蒙森来自挪威的一个海员家庭。1897 年，他作为比利时探险队的大副，初涉南极。然而，他们的船陷在冰里长达几个月，导致船员严重营养不良。在这里，阿蒙森学到了重要一课，即如何为如此漫长而艰险的旅程做好充分准备——这些经验教训将会对他未来的人生大有帮助。

罗伯特·斯科特

　　斯科特船长是一位来自普利茅斯的英国皇家海军军官，成为探险家近乎偶然。他邂逅了一位老朋友，这位老朋友正计划去南极进行科学考察，斯科特上尉就自愿为他们带队！他们这支活跃于 1901—1904 年的"发现探险队"发现了南极的许多地貌特征，包括该地区独特的无雪山谷和南极所在的极地高原。

罗伯特·斯科特
1868—1912

　　探险队到达了距离南极点 850 千米的地方。他们本可以走得更近，但由于负伤、营养不良和雪盲症（因积雪反射刺眼的光芒而造成的暂时但痛苦的视力丧失），他们被迫返回。

探险

科学探索是一项很烧钱的事业，为了将探索继续下去，阿蒙森背上了巨额债务。在他组织自己的探险队时，人类已经进行了十次重要的南极科考之旅。如果他的远征不能取得巨大成功，他就完了。这就是为什么阿蒙森在最后一刻突然改变了计划。

他原计划抵达北极，但 1909 年传来消息，两个美国探险队已经先到了那里。阿蒙森知道他再去已毫无意义，于是启用了 B 计划——抵达南极。他的对手斯科特船长也要出发去南极，所以他没有通知他的队员，就决定朝相反的方向前进，试图比斯科特先到南极。1910 年 8 月，他离开挪威。

与此同时，8000 名志愿者排着队，踊跃加入斯科特的"新星地"探险之旅。

1910 年 10 月，当斯科特一行在南非停靠时，斯科特发现了阿蒙森留给他的一条消息："很抱歉地通知您……我正在朝南极进发——阿蒙森。"换句话说就是，哈哈，我在你前面。

探险队在糟糕透顶的南极路面上滑行。

竞赛

1911 年初，阿蒙森在南极鲸湾登陆。他们又花了几个月的时间进行"小型探险"，在前往南极的路途中放置食物和其他必需品。然后他们耐心等待，熬过南半球严寒的冬季。终于，1911 年 10 月，他们在 –27℃的气温下出发了。

斯科特的船在一场大风暴中差点沉没，被困在冰里 20 天。但他们仍然设法与阿蒙森几乎同时到达南极，并在鲸湾以西 320 千米的埃文斯角登陆。斯科特也做着准备，他们在大本营过冬，然后计划于 1911 年 11 月 1 日出发前往南极点。

尽管两个探险队都制订了详尽的计划，但阿蒙森一方队员补给更好，管理也更有条理……

- 阿蒙森模仿北极的因纽特人，用毛皮来保暖，而斯科特他们穿着厚重的羊毛衣服。
- 阿蒙森的团队使用滑雪板，而斯科特一方步行。
- 斯科特的团队没有足够的食物补给来支撑他们完成行程。在整个行进过程中，他们逐渐身体衰弱，体重下降。
- 也许最重要的是，阿蒙森团队用强壮的北格陵兰狗拉装备，并且懂得如何"知狗善用"。斯科特却犯了一个严重错误，他依赖的是西伯利亚小马，而它们却很不适应极地的情况。他还使用了仍处于试验阶段的机动雪橇，结果其中一辆雪橇在从船上卸下时掉进了冰窟窿里，没派上用场。

1911 年 12 月 14 日下午，阿蒙森和三名队员终于在南极点插上了挪威国旗——并赢得了比赛！

他们花了三天时间反复检查南极点，确保到达了正确的地点——阿蒙森不希望出现任何纰漏。在离开南极之前，他们留下了一顶帐篷，里面放了一些送给斯科特的装备，还留下一封信，信中详细描述了他们的南极之旅，以防他们自己不能安全返回。

南极点

回程

斯科特比他们晚了一个多月到达南极点。斯科特在日记中写道："伟大的上帝啊！这是个可怕的地方。"他们已经饥肠辘辘，精疲力竭，并且就在这种状态下，开始徒步1300千米返回大本营。

阿蒙森一行的归途相对平静。而斯科特的五人探险队却遭遇了意想不到的恶劣天气和–40℃的低温。在比尔德莫尔冰川，他们迷路了，为了找到准确的方向，足足花了两天时间。他们的行进很缓慢，经常有人摔倒和受伤。冻伤严重影响了他们所有人，尤其是劳伦斯·奥茨上尉。众所周知，他离开了队员们挤在一起的帐篷，说："我出去一下，可能要稍微多待一会儿。"他再也没有回来。斯科特团队中没有一人幸免于难。斯科特和他团队的最后几名成员，在距离他们几个月前设立的补给站仅有几英里之遥时冻死了。

与此同时，阿蒙森于1912年1月回到船上，他的队员都安然无恙。出征时所带的52只狗，有11只幸存。他们到达南极并成功返回，行程超过3000千米，历时99天。

阿蒙森在南极点
插上挪威国旗。

郑一嫂

海盗

郑一嫂出身寒微，后来成为历史上最强大也最富有的海盗之一。郑一嫂原名石香姑，1801年成为大名鼎鼎的海盗头子郑一的夫人。她答应成为"郑一嫂"，条件是她要和丈夫一样，也可以发号施令，并拥有她应得的那份赃物。她做起海盗来真是如鱼得水。

郑一嫂
1775—1844

郑一嫂再次劫掠成功，
身边战利品环绕。

红旗帮

1807 年郑一去世后，郑一嫂接管了红旗帮。这是一支由 300 艘海盗船组成的庞大船队。在郑一嫂统治的鼎盛时期，海盗船队扩大到 1800 艘船、8 万名海盗！红旗帮成为公海上最可怕的海盗，郑一嫂被称为"华南之霸"。这些海盗在中国沿海来来往往，打劫村庄，抢掠商船，几乎无人可敌！

郑一嫂要求她手下的海盗遵守一套极其严格的规则，这些规则被写下来钉在船队的每一艘船上。违抗命令者——处死。不经许可进行攻击者——处死。执勤时擅离岗位者——初犯，割耳；再犯，处死。海盗个人可以保留部分战利品，但对女性有任何不敬都将受到严惩。这套海盗行为准则非常非常严苛，动不动就是死刑！

统治的结束

清政府决心制止郑一嫂一伙的海盗行为，于是设下陷阱。清朝海员封锁了红旗帮船队停泊的一个港湾，并将装满炸药的帆船点燃，驶往郑一嫂的方向。

清朝海员不是郑一嫂及其剽悍船员的对手。海盗们不仅扑灭了大火，而且截住了帆船并将其据为己有，结果海盗的船队变得更强大了！清军发动了进攻，但郑一嫂再次向他们展示了谁是老大。她击败了清军，并成功地从他们手中夺取了 63 艘船！

清军受损相当严重，事后不得不使用小渔船作为装备。很显然，他们需要帮手才能征服郑一嫂和她强大的海盗帮。清军请葡萄牙船舰帮助他们打击红旗帮海盗，但葡军也被红旗帮打败了，英国东印度公司来助战的船舰同样以失败收场。郑一嫂控制了华南海域！

郑一嫂非常聪明，她知道这一切胜利不过是暂时的，红旗帮不被捣毁，清廷绝不会善罢甘休。1810 年，她决定与清廷结束战争，但前提是按照她的条件达成和平协议。几乎所有的红旗帮海盗都逃脱了惩罚，他们甚至可以保留他们的战利品！郑一嫂太太平平地金盆洗手，余生过着优裕的生活。

菲利普·珀蒂

法国高空走钢丝艺术家

菲利普·珀蒂
1949—

菲利普·珀蒂是一名法国高空走钢丝艺术家，1971 年他在巴黎圣母院大教堂上走钢丝时，引起了轰动。两年后，他在澳大利亚的悉尼海港大桥上做了同样的事情。1974 年，菲利普·珀蒂准备好了他自己所谓的"破旧立新"之举，这是他职业生涯中最伟大的表演。

自从 1968 年去看过牙医后，他就一直在考虑这件事。当时在候诊室里，他在一本杂志上读到了计划建设美国纽约世界贸易中心的消息，一个宏大的想法突然出现在他脑海里。

在钢索上行走

1974 年 8 月 7 日星期三，早上 7 点刚过，成群的纽约人开始聚集在世界贸易中心双子塔（世贸中心由两座摩天大楼组成）下。人们带着好奇，抬头仰望。只见在双子塔的高处，珀蒂正准备走到一根可承重 200 千克的钢索上，钢索架在相距 42 米的两个塔顶之间。珀蒂没有任何安全保护措施。一旦失误，他将会直接从 411 米的高空摔向地面。

激动人心的一刻终于到来！珀蒂迈出了第一步……

在 45 分钟里，珀蒂来来回回走了 8 次，仅凭一根特制的 8 米长杆帮助保持平衡。他不仅在钢索上行走，还跳舞、平躺，甚至屈膝跪下向观众致敬。他能听到远远的下面，人群的欢呼声向他飘来。

公众对这场表演喜闻乐见，警察却不认同。珀蒂他们这样做是违法的，所以珀蒂和帮助他实施这一表演的朋友们陷入了大麻烦。

秘密计划

这次活动筹划了好几个月。必须考虑各种实际问题，比如如何克服高大建筑物在风中的轻微摇摆，钢索在那个高度可能有多滑，如何将钢索和其他重型设备带到楼顶而不被发现。

世贸中心还在建造时，珀蒂和他的团队就已经秘密访问了 200 多次，为的是研究如何实现计划。他们假扮成建筑工人、办公室工作人员、摄影师、建筑师和记者，进入建筑物的各个部分。1974 年 8 月 6 日晚上，他们将自己连同设备一起藏在其中一座高塔里，一直等到早上。

钢索太重了，不能直接从一个塔顶扔到另一个塔顶。珀蒂他们将一支箭系上一根钓鱼线，射到对面塔顶上。随后，对面塔顶的人又将细绳绑在钓鱼线上，射过来后，这边的人再将一根粗绳绑在细绳上。如此循环往复，直到钢索被拉到合适的位置。最后，再用支撑物固定住钢索，就像用绳子固定帐篷那样。

令人难忘的表演

珀蒂被捕后，当局的判决是——珀蒂和他的朋友所做的一切帮了这个城市的忙。在这次大胆的高空走钢丝表演之前，很多纽约人认为世贸中心太大而且太丑，但经过珀蒂这场表演，人人都在谈论世贸中心！随后，对珀蒂的指控撤销了，条件是他要为该市的孩子们免费表演一场高空走钢丝。

菲利普·珀蒂在双子塔之间冒险行走。

内莉·布莱

记者、环球探险家

1882年,《匹兹堡快报》刊登了一篇文章,标题为《女孩的优点》。这篇文章的见解是:女孩应该待在家里的厨房里。编辑很快收到一位18岁读者伊丽莎白·科克伦的来信,她在信中怒斥报上这篇文章完全是胡说八道。来信写得非常精彩,以至于报纸编辑向她提供了一份工作。

内莉·布莱
1864—1922

于是,科克伦以笔名内莉·布莱开始了记者生涯,并且做得非常成功。她因大胆揭露不公正现象的报道而出名,而1889年她在《纽约世界报》工作时,她自己也登上了头条。

和内莉一起环游世界

儒勒·凡尔纳的冒险小说《八十天环游世界》很受欢迎,所以布莱向老板提议她也可以进行一次类似的旅行,认为说不定还能打破虚构人物菲利斯·福格创下的用时的纪录。她的老板拒绝了,说没有女人可以独自完成这样的旅程,而且女人旅行时随身携带的行李太多了,恐怕需要一艘远洋客轮才能装下她所有的帽盒。

布莱的表情不难想象。"很好,"她说,"派一个男人来和我比赛吧,我无论如何都要去,而且要比他先到终点。"布莱是如此固执和坚决,她的老板别无选择,只好同意。

她的旅程开始了

布莱从新泽西出发,向东穿越大西洋。她的随身物品只有身上穿的衣服、一件大衣、200英镑和一个装内衣及洗漱用品的小包。《纽约世界报》每天都有关于她的旅行进展的专题报道,他们甚至举办了一场比赛,预测她返回的确切时间。

她旅行时主要乘坐轮船和铁路,也使用其他各种交通工具,从黄包车、舢板到马和驴。她勇敢地面对亚洲的季风,参观了中国的麻风病人聚集地,还在新加坡养了一只宠物猴。

直至抵达香港，布莱才发现自己有对手。《大都会》杂志为了给自己争取一些知名度，在布莱离开美国的同一天，派了自己的记者伊丽莎白·比斯兰从相反的方向，开始环游世界。比斯兰差一点就击败了布莱，但因大西洋的恶劣天气而受阻。

凯旋

在铜管乐队和烟花的欢迎中，内莉·布莱于 1890 年 1 月 25 日下午 3 点 51 分回到纽约。她在 72 天 6 小时 11 分 14 秒的时间里旅行了 40071 千米，环游了世界！她打破了小说中虚构的菲利斯·福格的纪录！世界各地的读者都关注她的冒险经历——她爆得大名，以至于出现了内莉·布莱明信片和"与内莉·布莱一起环游世界"的棋盘游戏。很多东西以她的名字命名，包括一家旅馆、一列火车和一匹赛马。她写了一本关于她的环球旅行的书，并继续作为记者进行调查报道。第一次世界大战期间，她成为欧洲的战地记者，1922 年她去世时，被誉为"美国最好的记者"。

内莉·布莱结束了了不起的环球之旅，荣归纽约。

奥古斯特·皮卡尔

物理学家、探险家

雅克·皮卡尔

海洋学家

贝特朗·皮卡尔

热气球驾驶者

伟大的开拓者往往是单个出现的。来自瑞士的皮卡尔家族，却将杰出的科学家、探险家和发明家荟萃于一个家庭，他们的成就至少跨越了三代人。

奥古斯特·皮卡尔

奥古斯特·皮卡尔是比利时布鲁塞尔的一位物理学教授。他想研究距离地面 16 千米的大气层中的宇宙射线。在此之前，从来没有人到达过这个高度，主要是因为人在正常的大气压下才能生存，所处的位置越高，空气就越稀薄，呼吸也就越困难。

皮卡尔的解决方案是发明了一个直径约 1.8 米的球形铝舱。它是由一家做金属啤酒罐的工厂制造的，大小刚好能让皮卡尔和他的助手挤进去。太空舱是密闭的，里面的气压保持在常压状态，所以尽管舱外大气稀薄，他们也可以在高海拔正常呼吸。这与今天民用客机的工作原理完全相同——这也是他们的铝舱门窗必须一直紧紧密闭的原因！

奥古斯特·皮卡尔
1884—1962

准备升空

这个铝制舱吊绑在一只瘦长的黄色氢气球下面，于 1931 年 4 月 27 日起飞。这次飞行并不顺利：皮卡尔还在进行安全检查时，氢气球就提前升空了；吊舱出现了漏洞，他不得不赶紧用浸过油脂的棉花进行修补；返回地面的过程中也出了问题，氢气球飘浮在欧洲上空时，氢气罐漏气了。氢气球最终降落在阿尔卑斯山脉的冰川上时，剩下的气体只够用一个小时了。

尽管困难重重，皮卡尔的氢气球还是破纪录地飞到了15781米的高度，并带回了很多极有价值的科学数据。在那个高度，地球的曲率是可见的——这是人类第一次看到！皮卡尔一共放飞了27次氢气球，最终到达了23千米的高度。

下海……

奥古斯特·皮卡尔很快意识到，氢气球吊舱的工作原理——让大气在一个密闭容器内保持"正常压力"也可以在相反的方向上应用：潜到海洋的最深处。1937年，他设计出了"深海潜水器"——一种钢铁船（有点像潜艇），可以承受海洋深处的巨大水压。接下来的几年，这个深海潜水器逐步被重新设计、改进，后来它能够派上大用场，多亏了奥古斯特的儿子雅克。

奥古斯特·皮卡尔和他的助手挤进一个氢气球吊舱，准备向高空进发。

雅克·皮卡尔

雅克·皮卡尔是一名工程师，也是一位海洋学家，他帮助父亲研制了深海潜水器"的里雅斯特号"。1953 年，他们二人乘坐这艘潜水器，潜入意大利海岸水下 3000 多米的深处。然后，雅克与美国海军联手，开启了一段和他父亲同样大胆、史无前例的旅程——他来到了地球上最深的水域之最深处！

"挑战者深渊"

马里亚纳海沟位于太平洋，在澳大利亚北部、日本和新几内亚之间。它是海底一个月牙形的裂口，海沟最深的部分是一条狭窄的山谷，被称为"挑战者深渊"，深达 11 千米左右。如果你把珠穆朗玛峰扔进去，山顶仍然距离水面 2000 多米。那里的水压大约是 1086 帕——就像五六十架飞机堆在你身上一样！

1960 年 1 月 23 日，雅克·皮卡尔和唐·沃尔什中尉驾驶着"的里雅斯特号"进入"挑战者深渊"。下沉花了将近 5 小时。只有在水下 1000 米左右的深度，还能继续看到阳光，再往下，他们就不得不依靠固定在深海潜水器外部的强力灯来照明了。一切都很顺利，直到潜到水下 9000 米左右时，他们突然听到一声巨响。整艘潜水器都在摇晃，两人必须立刻决定下一步该怎么办……

雅克·皮卡尔
1922—2008

雅克·皮卡尔凝望着深海奇观。

在海洋最深处

他们继续下沉，在冰冷漆黑的海水中越降越深。终于，他们在下午1点刚过时到达海底，成为第一批在海底着陆的人。着陆激起的淤泥，使能见度很低，但他们依然窥见了一些海洋生物在周围活动。在此之前，人们一直认为巨大的水压会使海底生物无法生存。从此以后，人们知道海底生活着很多东西！

"的里雅斯特号"在海底只停留了20分钟。潜水器一扇19厘米厚的外窗传来裂开的声音，再待下去会很危险。

在"挑战者深渊"里发现生物对环境保护产生了重要影响：必须禁止向深海倾倒核废料。在后来的岁月里，雅克的儿子贝特朗开始关注生态问题。

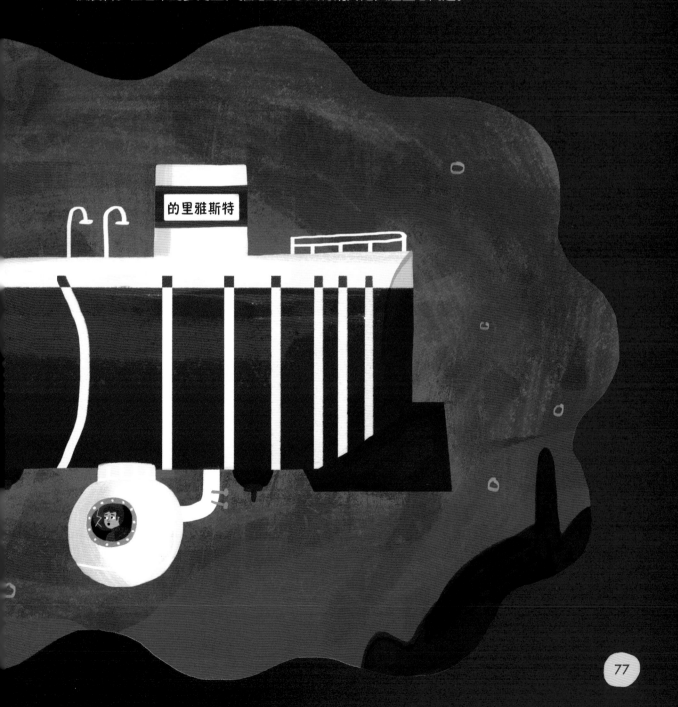

贝特朗·皮卡尔

贝特朗·皮卡尔追随祖父，也尝试飞向空中。在 20 世纪 70 年代，他在欧洲开创了悬挂式滑翔，并率先进行微型飞机飞行（微型飞机是非常小的飞机，有点像带引擎的悬挂式滑翔机），但令他最出名的是又一次皮卡尔家族式的冒险——人类首次无间断乘热气球环球飞行。

贝特朗·皮卡尔
1958—

飞，飞，向上飞

贝特朗·皮卡尔在 20 世纪 90 年代进行过几次这样的飞行尝试。1999 年 3 月，皮卡尔和副驾驶员布雷恩·琼斯从瑞士起飞，这是他们的第三次尝试，乘坐的是他们的"百年灵轨道飞行器 3 号"热气球，这是奥古斯特最初设计的可升空 55 米高的热气球升级版。

在地面气象专家的帮助下，他们利用喷射流（高速风）让热气球飞行了 19 天 21 小时 47 分钟。尽管舱内有暖气，但夜间有时还是很冷——因为他们在很高的地方——皮卡尔和琼斯不得不把固定在机舱壁上的精密电子设备上的冰块凿掉。

他们在埃及着陆，离金字塔不远，完成了历史上最长的一次中途不加油的无间断环球飞行。

太阳能助推

贝特朗·皮卡尔和瑞士工程师安德烈·博尔施伯格致力于"阳光动力"项目，该项目旨在通过制造太阳能飞机，来展示利用可再生能源的优势和可能性，这种飞机可以像奥古斯特·皮卡尔氢气球之旅中的氢气球一样进行空中旅行。

零排放、完全不使用燃料的"阳光动力 2 号"于 2014 年完成，由皮卡尔和博尔施伯格轮流驾驶、于 2015 年和 2016 年进行的一系列飞行，实现了开历史先河的太阳能飞机环球航行。

还有更多……

　　皮卡尔家族的其他成员也曾飞向高空：奥古斯特的双胞胎兄弟让·费利克斯和嫂子让内特也是高空热气球驾驶员，他们的儿子唐·皮卡尔和妈妈一起乘坐热气球飞到过太空边缘，并成立了美国热气球俱乐部。

贝特朗·皮卡尔驾驶第一架太阳能飞机环游世界。

马丁·约翰逊
奥萨·莱蒂

纪录片制作人

当今，有关于遥远地区的纪录片唾手可得，制作异域物种和风土人情的影片司空见惯。然而，在 20 世纪上半叶，观看到来自异国他乡的生物和人的动态影像，却完全是令人感到新奇而兴奋的体验。来自美国堪萨斯州的马丁·约翰逊和奥萨·莱蒂，制作了第一部自然纪录片并普及了这一影片类型。

马丁·约翰逊
1884—1937

奥萨·莱蒂
1894 —1953

马丁和奥萨都是风云人物，堪称印第安纳·琼斯（译注：这是史蒂文·斯皮尔伯格冒险系列电影《夺宝奇兵》中的主角）和大卫·阿滕伯勒（译注：他是杰出的自然博物学家、探险家，被誉为"世界自然纪录片之父"）的结合体！他们用影像记录了旅途中方方面面的情况，旨在为子孙后代保存有关人类和野生动植物的信息，并首次将遥远异域，尤其是非洲的景象和声音带给北美、欧洲的观众。

南太平洋之行

多年来，他们总是在路上。他们以这些旅行经历创作了二十多部电影、好几本书，并进行了无数次巡回演讲。在 1917 年的第一次探险中，他们乘坐帆船和独木舟，在南太平洋（新几内亚、所罗门群岛和斐济一带）现在被称为美拉尼西亚的地方航行了近 29000 千米。他们与当地人接触并生活在一起，这里的当地人包括瓦努阿图岛上的大南巴斯部落——这些人以食人而闻名，会吃掉被他们打败的敌人！马丁和奥萨被大南巴斯部落俘虏了一段时间，侥幸获得一艘英国巡逻艇营救。然而，这次遇险并没有让他们退缩，他们在下一次航行时又来到了这个部落，并受到了老友重逢般的欢迎！

无声电影

约翰逊夫妇拍摄的非洲和南太平洋原住民的一些（无声）电影和照片，是这些民族第一批被外人看到的影像。他们还在大猩猩的自然栖息地拍摄了第一张大猩猩照片。有声电影发明后，他们又率先记录了丛林中原生态的声音。1932 年，他们俩都学会了驾驶飞机，随后开创了从空中拍摄大型动物群的先河。

长途跋涉拍摄野外生活纪录片的日子很艰苦。当时，约翰逊一家想去的那些地方都不通航班，而当他们好不容易到达后，又无处购买食物和器材。如何保护他们拍摄好的胶片也是一个持续存在的难题：当时正处于电影发展的早期，电影是在娇贵的胶片上拍摄的，然后必须使用化学品"冲洗"胶片。在热带丛林条件下，胶片很容易被高温、湿气和生长在胶片上的霉菌毁掉！

因为他们在生态环境教育和纪录片制作方面劳苦功高，所以我们很难理解为什么约翰逊一家同时又是捕猎者。今天，为了获得猎杀动物的成就感而打猎，让我们许多人觉得残忍，但过去人们对待自然的态度却大不相同。而约翰逊的电影，如《与约翰逊夫妇一起穿越世界》（1930 年）和《非洲之翼》（1934 年）则激励了数百万人出门旅行，并大大增进了人们对自然界的认识，这又激发了我们如今对大自然的尊重！

马丁·约翰逊和奥萨·莱蒂用电影胶片捕捉野生动物奇观。

亨利·"箱子"·布朗

有创意的逃亡者

亨利·布朗和他的妻子及三个孩子都是奴隶。尽管他们的"主人"曾承诺这个家庭永远不会被拆散，但在美国内战期间，一天早上，亨利发现他的妻儿四人都被卖掉了，他的家人和其他 350 名奴隶一起要被送往美国北卡罗来纳州。当他们被铐上锁链带走时，布朗只能无可奈何地看着。从此，他再也没见过他的妻儿。他的"主人"只是耸耸肩说："你可以再讨个老婆。"

亨利·"箱子"·布朗
1815—1897

布朗伤心欲绝，决定逃跑。几个已经获得自由的朋友帮助他，他们小心谨慎地打听给宾夕法尼亚州的废奴主义者（指那些想结束奴隶制的人）寄东西应该使用什么邮址。

实施计划

1849 年 3 月 29 日，布朗故意用酸性液体烧伤了自己的手，这样他就可以不必工作了。接下来，他的朋友们避开布朗的主人，使用钉子和皮革带，把他密封在一个长91 厘米、宽 61 厘米、深 81 厘米的木箱里。盒子里衬看一层薄薄的羊毛毯，只留了个小洞供空气流通。箱子上加盖了"干货"字样，收信人是费城反奴隶制协会。

在接下来的 27 个小时里，亨利·布朗就紧紧地蜷缩在箱子里。他只带了一小瓶水和几块饼干。尽管箱子的侧面用大字写着"此面朝上——小心轻放"，但箱子还是在各处被拖过来拽过去，说不定哪个面朝上。布朗完全不能动，长达几个小时都是头朝下的。这样很容易致死，因为它会使人的脑血管破裂或使人窒息。幸好布朗命大，两名邮政工作人员为了可以坐在箱子上面，就将箱子摆正了。

布朗安全抵达费城。

特殊包裹

第二天，箱子就到了费城。它一路被马车、火车和汽船运送了400多千米。

反奴隶制协会的四名会员得知亨利·布朗就要到了，便聚集在一起领取他们的特殊包裹，并且一接到箱子便立即拆开了。布朗从箱子里冒了出来，高兴地说了句："先生们，你们好！"然后就放声歌唱起来！

布朗惊人的逃脱很快使他出了名，并让他获得了"箱子布朗"的绰号。他成为废奴运动活动家，但1850年美国颁布了《逃亡奴隶法案》后，布朗就很难在美国容身了。毕竟，他和他的故事太出名了。于是，1851年，他移居英国，在曼彻斯特住下来。

当被人问及为什么要做如此极端和冒险的事情时，布朗回答说："如果你从未像我一样被剥夺过自由，你就意识不到渴望得到自由的力量有多么强大。"

卡伦·达克

残奥会运动员、探险家

来自英国哈利法克斯的卡伦·达克自称拥有"冒险基因"。16 岁时，她在学校里看到一张海报，宣传约克郡学校探索协会要到中国探险。她花了一年时间为这次旅行筹集资金，此事激发了她探险的兴趣和学习其他文化的热情。

卡伦·达克
1971—

达克还喜爱跑步和攀岩，但 1992 年她在攀登悬崖时跌了下来，摔断了脊柱，致使腰部以下瘫痪。但她个性坚韧，下定决心不屈从厄运，继续做她热爱的事情！

残奥会

达克从参加跑步项目转到残疾人自行车项目，获得了 2012 年伦敦残奥会英国代表队代表的参赛资格，并在 16 千米女子公路计时赛 H1-2 赛程中获得银牌。在 2016 年里约热内卢的比赛中，她又击败了其他七名运动员，获得了这一项目的金牌。

在赛道之外，达克一直在进行令人瞠目结舌的冒险和探险。她爬过世界各地的山，包括欧洲的勃朗峰（译注：它是阿尔卑斯山的最高峰）和马特洪峰（译注：它是瑞士的标志性山峰），以及美国的埃尔卡皮坦山（一块 900 多米高的花岗岩巨石！）。她曾坐着手摇车穿越日本和亚洲的山脉。她甚至还在加拿大海岸和地中海的科西嘉岛周围划过皮划艇。

穿越格陵兰岛

最艰巨的挑战是她于 2007 年穿越长达 700 千米的格陵兰岛"冰盖"。她乘坐了一种特殊的"坐式滑雪板"，那是她用绳子、胶带和塑料雪橇改造而成的，使其可以用普通的滑雪杆在冰雪中滑行。

她和几位来自芬兰的朋友一起，每天滑行 10 小时——每滑雪 55 分钟就休息 5 分钟，然后继续前行。他们每天需要滑行约 20 千米，以确保所带食物足够维持这趟旅行。一个鸣声响亮的警报器时刻放在手边，以便吓跑任何靠得太近的北极熊。

起初，达克觉得坐式滑雪板很可怕，因为它不像自行车，没有方向盘和刹车。她下肢瘫痪使她很难把握体温，所以她在脚上挂了一个鱼缸温度计，来监测脚有多冷！小组成员竭尽所能，用热水瓶、热饮和高脂肪食物与 –30℃ 的严寒环境做斗争。每天早上醒来，她都会发现自己双手的肌腱因为前一天疲劳过度而僵硬得紧绷绷的，她必须慢慢地一点点将它们松开。

这次旅程从东到西行进大约花了一个月的时间。他们的路线是一条直线，穿过白茫茫的雪野，只绕了一个弯，即绕过 DYE-2，那是冷战时期遗留下来的一个废弃的美国雷达站。

为表彰她对体育事业做出的贡献，卡伦·达克在 2017 年英国新年授勋中被授予英国最高荣誉勋章——英帝国勋章。曾经有人问她，如果有机会，她会对年轻时的自己说些什么，她的回答很简单：

"一直相信……永远，永远，不要放弃。"

卡伦·达克坐着滑雪板穿越格陵兰岛。

费迪南德·麦哲伦
胡安·塞巴斯蒂安·埃尔卡诺

环游世界者

1519 年，在葡萄牙航海家费迪南德·麦哲伦的指挥下，五艘船载着 270 多名船员从西班牙塞维利亚出发。三年后，虽然只有一艘船带着 19 名幸存者返回，但在此期间，他们完成了人类历史上的第一次环球航行。

费迪南德·麦哲伦
1480—1521

胡安·塞巴斯蒂安·
埃尔卡诺
1486—1526

向西航行

这次远征的目的是——向西航行，穿过美洲，找到一条通往东亚的贸易路线。大约 30 年前，克里斯托弗·哥伦布曾进行过同样的尝试，但止步于南美洲。启航几周后，麦哲伦的船队发现了巴西，并在里约热内卢附近停泊，然后沿着海岸向南航行。天气变得糟糕，而且越来越糟糕。船上的物资已经开始短缺，最麻烦的是，以西班牙人为主体的船员不满一个葡萄牙人担任船长，而且他们不相信有一条环绕南美洲的航线存在。结果双方兵戎相见，于 1520 年初发生了一场暴力兵变。

麦哲伦很快制止了这场哗变。他不能惩罚所有涉事人员——包括一名叫胡安·埃尔卡诺的西班牙海军军官——因为他缺少船员。麦哲伦处决了兵变的头目，将他们的尸体抛弃在海岸上，而其他人，包括埃尔卡诺，则被锁在铁链上很多天。

麦哲伦的船上有一种令人不安的沉寂，但这种沉寂并没有持续太久。随后不到一个月，一艘船失事了。幸好船员全部获救，但这就意味着他们要挤在剩余船只上，每个人的空间变得更狭小了。就在探险队绕过南美洲南端——后来被称为麦哲伦海峡的地方——的几天前，又发生了一起兵变。此后，一艘船掉头返航了。

平静的水域——太平洋

经过了波涛汹涌的南大西洋后，船队航行到了一片新的水域。这片水域看上去很平静，麦哲伦因此将它命名为"太平洋"。麦哲伦预计越过太平洋需要一周左右，结果却花了三个月。船员们不得不靠吃老鼠和锯末为生，几乎每一个船员都被坏血病折磨。

最后，他们只剩下大约150人，到达关岛后，继续航行到菲律宾。在这里，他们遇到了更多麻烦！麦哲伦结识了一位当地领袖，并卷入了他们与敌对部落的战斗。有40名船员在战斗中丧生，麦哲伦也不幸殒命。参加了第一次兵变的埃尔卡诺随后控制了探险队。

到达香料群岛时，他们终于交上了好运，用货物交换了一批极其珍贵的丁香和肉桂。然而，因为船体漏水，使得仅剩的两艘船中只有一艘能够返回。漏水的船上仍然满载船员，而现在最后一艘（也是最小的）船上已经没有多余的空间了，结果受损的船未能成功返航。

埃尔卡诺的船——"维多利亚号"——穿过印度洋，绕过非洲最南端的好望角，以最快的速度驶向西班牙。途中又有很多船员死于饥饿，配给量很快减少到每天只有几粒米。

1522年9月，幸存者一瘸一拐地回到了家。他们总共旅行了67500千米，这几乎是个偶然事件，因为他们当中并没有人曾打算环游世界。

"维多利亚号"在环球
之旅中与大自然搏斗。

阿梅莉亚·埃尔哈特
埃米·约翰逊
贝茜·科尔曼

飞行员

阿梅莉亚·埃尔哈特
1897—1937

阿梅莉亚·埃尔哈特、埃米·约翰逊和贝茜·科尔曼是早期的飞行员，她们三人克服了重重障碍，也打破了各种纪录，激励了几代人，但她们的职业生涯都因惨痛的事故戛然而止。

阿梅莉亚·埃尔哈特

从很小的时候起，埃尔哈特就有点胆大妄为。她喜欢爬树，喜欢从山上呼啸着冲下，还喜欢滑着雪橇用气枪打老鼠！她的蛮勇性格并没有在成年后消失。1920 年，在美国加州的一次飞行表演上，她的人生永远地改变了。她去了那里，驾驶了一架小飞机 10 分钟，从那一刻起，她就知道她注定要飞行。她剪短了头发，买了一件皮夹克，这样她看起来就像当时的其他女飞行员一样了。

1928 年，她成为第一个飞越大西洋三人机组成员中的女性，但她渴望成为第一个独立完成这一航行的女性。四年后，她实现了这一目标，并开创了许多飞行纪录，其中包括：

- 1932 年——第一个两次飞越大西洋的人
- 1933 年——第一位无间断环绕美国飞行的女性
- 1935 年——第一个独立从夏威夷（太平洋中部）飞到加利福尼亚的人
- 1935 年——第一个独立从墨西哥直飞纽约的人

为了能让自己可以一直飞行，她寻求赞助、写作、巡回演讲，并通过我们现在所谓的"名人代言"来筹集资金——你可以购买阿梅莉亚·埃尔哈特代言的衣服，并把它们打包在你买来的阿梅莉亚·埃尔哈特品牌的行李箱里！

阿梅莉亚·埃尔哈特驾驶着她标志性的红色飞机飞行。

环游世界

1937 年，她和她的领航员弗雷德·努南从加利福尼亚起飞，向东旅行。她的目标是成为第一位实现环球飞行的飞行员。大约四周后，她们就完成了 35000 千米的旅程。一切都很顺利。

最后的 11000 千米将飞越太平洋。7 月 2 日，她们从新几内亚起飞，向东北方向飞去。她们用无线电与地面联系了一段时间，但之后……就什么都没了。她的飞机就这样消失了。

几十年来，这架飞机的消失完全是个谜。关于此事，人们提出了许多猜想，但最可能的解释是，飞机迫降到遥远的太平洋岛屿尼库马罗罗岛附近的水域。1940 年在该岛上发现了人类遗骸，但直到 2017 年才有研究认为那就是埃尔哈特的遗骸。究竟发生了什么导致事故还不得而知。

埃米·约翰逊

在大西洋的另一边，英国飞行员埃米·约翰逊也创造了自己的飞行纪录。

1930 年，她成为第一位独立从英国飞往澳大利亚的女性。她驾驶着一架名为杰森的二手"吉卜赛飞蛾"双翼飞机，在 19 天内飞行了18000 千米。这一点非常值得一提，是因为此时距离她把飞行作为爱好还不到一年。和埃尔哈特一样，约翰逊的飞行记录中也有一系列成功案例，包括：

埃米·约翰逊
1903—1941

- 1931 年，她和副驾驶杰克·汉弗莱斯成为最早的在一天内从伦敦飞抵俄罗斯莫斯科的人。他们继续飞往远东，并开创了从英国飞往日本的纪录。
- 1932 年——她打破了从英国到南非的飞行速度纪录，那是一位新婚飞行员吉姆·莫里森创造的！埃米·约翰逊的纪录后来也被打破，但她在 1936 年再次刷新了纪录。
- 1934 年——约翰逊和莫里森被迫退出飞往澳大利亚的飞行竞赛，但在此之前，他们创造了另一项速度纪录——从英国飞往印度的纪录。

第二次世界大战期间，埃米·约翰逊成为英国空运辅助队的一名大副。然而，1941 年 1月，当她驾驶一架训练飞机从布莱克浦飞往牛津时，恶劣的天气迫使她偏离了航线。在泰晤士河口附近的赫恩湾上空，她的飞机坠落，幸好她跳伞成功。看到她落进河里，救援人员也勇敢地去营救她，但是水流湍急、河水冰冷刺骨，始终没有找到她。

2016 年，为了纪念埃米·约翰逊逝世 75周年，她的雕像在英国伦敦赫恩湾落成，此处距离她的故乡很近。

埃米·约翰逊驾驶的
飞机在澳大利亚着陆。

贝茜·科尔
曼飞向天空，表
演壮观的空中飞
行特技。

贝茜·科尔曼
1892—1926

贝茜·科尔曼

　　埃尔哈特和约翰逊虽有技巧和勇气，却倾向于直线飞行，来自美国得克萨斯州的贝茜·科尔曼则是"特技飞行表演"方面的专家。这种类型的飞行意味着要表演各种令人瞠目结舌、死里逃生的空中特技。20世纪20年代，特技飞行表演——有时被称为"飞行马戏团"——在美国非常受欢迎。

　　科尔曼从小就立志要成就一番事业。作为一个飞行事迹的狂热读者，她从第一次世界大战中那些"王牌飞行员"（他们都是军事飞行员）的故事中找到人生方向。她的兄弟都在战争中服役，便笑称没准她也有可能成为一名飞行员，这让她从此更坚定了自己的志向。

　　科尔曼既有非裔美国人的血统，也有印第安人的血统。她很快发现，美国没有一所飞行学校会收女性或有色人种。但这并没有阻止她实现梦想——她学习了法语，并启程前往欧洲，到巴黎的飞行学校就读！

女王贝茜

　　十个月后，科尔曼拿着飞行员驾驶证回到美国，并迅速成为轰动一时的风云人物。她的特技表演——八字形、转圈、俯冲，甚至在关闭引擎的情况下着陆等绝活让媒体不吝赞美，称她为"女王贝茜"。她的目标是成为黑人女性和有色人种的表率，总是拒绝在按肤色划分人群的演出中进行表演。

　　像埃尔哈特和约翰逊一样，她的职业生涯也是突然结束的。1926年4月，她驾驶着新买的飞机进行试飞。她的机修工操控着飞机，她则没系安全带，在空中探身检查各种零部件。谁知双翼飞机出了故障，科尔曼在飞机撞到地面之前就被甩出了机舱，当场身亡。

　　贝茜·科尔曼是一位无畏的开拓者，不仅仅局限于空中飞行方面。1929年，贝茜·科尔曼航空俱乐部在洛杉矶成立，她为非裔美国人开办飞行学校的梦想变成了现实。

苏雷什·比斯瓦斯

探险家

苏雷什·比斯瓦斯
1861—1905

苏雷什·比斯瓦斯小时候是个不安分的孩子。他出生在印度东部的孟加拉，童年的大部分时间不是在玩我们现在所说的极限运动，就是在找一些鲁莽危险的事情做！

14岁时，他离家出走，偷偷溜到一艘开往缅甸仰光的船上。从此，他开始了长达多年的旅行，过着冒险和浮夸的生活。然而，有一天，比斯瓦斯意识到，仰光并没有什么让他感兴趣的东西，他当初在这里落脚，只不过是为了从一栋燃烧的房子里救出一名年轻姑娘。于是，他很快跳上了一艘驶往伦敦的船。

加入马戏团

有一段时间，他在伦敦东区的贫民窟里勉强糊口度日。在一次去肯特郡的旅行中，他和一些马戏团的人聊起了天，得知马戏团生活中充满了危险和陷阱。他们的故事，激发了他的想象力。这种危险不羁的生活方式正适合他！

他提出要在马戏团中当举重运动员和杂技演员。驯兽师看了这个骨瘦如柴的17岁少年一眼，说如果他能在比赛中击败他们最好的摔跤手，他就能得到一份工作……比斯瓦斯真的做到了！就这样，比斯瓦斯加入了马戏团，成了一名驯狮员。

巴西冒险

几年后，比斯瓦斯继续他的旅行，去了巴西。他热爱这个国度，决定在此定居。他在巴西皇室的私人动物园当了一阵子饲养员，随后就很快参军了，在军队里他表现出色，被提升为上尉。

1894 年，巴西海军发动了一场暴动，向尼泰罗伊城发起了进攻。比斯瓦斯指挥军队打败了他们，并在遏制叛乱的整个过程中发挥了重要作用。比斯瓦斯的英雄主义行为使他立即成为巴西民族英雄，他一跃成为首都里约热内卢上流社会中备受尊敬、大受欢迎的人物。

历史对苏雷什·比斯瓦斯并不仁慈，关于他历险的记录少之又少，在他生命的最后 20 年里，几乎没有留下任何史料。奇怪的是，尽管他经常被称为"苏雷什·比斯瓦斯上校"，但他从来都没当过上校——他的军衔是上尉。不过，即便仅从我们搜集到的资料来看，他的人生也一定属于 19 世纪中最不寻常的了。

苏雷什·比斯瓦斯
在巴西的里约热内卢被
誉为"民族英雄"。

弗雷亚·斯塔克
德夫拉·墨菲

旅行作家

弗雷亚·斯塔克在她穿越中东的旅行中，与当地居民会面。

不管走了多近或多远，把你的旅行写下来，这是一个记住你的冒险经历的好办法，也是向别人分享你的旅程的一种好方式。弗雷亚·斯塔克和德夫拉·墨菲这两位了不起的旅行作家，正是通过这种方式赢得了读者的热爱。

弗雷亚·斯塔克

弗雷亚·斯塔克出生于法国巴黎，但在意大利长大。她一生中去过中东和亚洲，包括土耳其、伊朗、叙利亚、黎巴嫩、伊拉克和阿富汗。她无论走到哪里，通常都是独自一人。她尽量使用当地的语言，并经常与当地人住在一起，以便了解他们的文化。她曾经说过，她不是为了写作而旅行，而是为了探索才旅行。

她聪慧、坦率，但最重要的是无所畏惧。在 20 世纪 30 年代早期，她去了伊朗的一个偏远地区——卢里斯坦，那里几乎没有西方人去过，在"刺客谷"她遇到了危险可怖、无法无天的部落。1941 年，在第二次世界大战期间，她冒着生命危险向被围困的英国驻巴格达大使馆私运货物。多年来，她完成了二十余本旅行著作，许多至今仍被视为经典。

弗雷亚·斯塔克
1893—1993

德夫拉·墨菲

德夫拉·墨菲出生于爱尔兰的利斯莫尔，至今仍生活在那里。10岁生日那天，她得到了一辆二手自行车和一本地图册，这成为墨菲开启伟大冒险的契机。不久之后，受弗雷亚·斯塔克旅行的启发，她决定骑自行车环游世界！

德夫拉·墨菲
1931—

墨菲的第一次伟大冒险发生在1963年，她从位于法国北部海岸的敦刻尔克出发，一路骑行，到达了印度德里。墨菲在她最著名的著作之一——《全速前进》中记述了这次旅行。

五十多年来，她走遍了世界各地，包括中东、远东、欧洲、非洲和南美。和斯塔克一样，她从不住酒店，而是喜欢和当地人生活在一起，这样她的作品就能够体现民众的视角。墨菲的所有旅行几乎都是骑自行车完成的，而且她大部分时间都是独自旅行（除了有时候和她的女儿一起）。

旅行中的其他困难

墨菲在旅行中遇到了很多挑战，她曾写道，灾难在长途跋涉中不可避免。她在巴基斯坦得了痢疾，在马达加斯加得了肝炎，在南非得了登革热，在罗马尼亚和西伯利亚遭遇了骨折——但她都处之泰然！她说，还有很多其他的不幸遭遇，其中最痛苦的是在喀麦隆，当时智齿引发了口腔脓肿。

她的家庭生活和她的旅行方式一样简单朴素：没有中央供暖，没有洗衣机，没有汽车，当然也没有手机和电视。她用手写字，然后使用老式打字机录入、整理书稿。

斯塔克和墨菲，以及更多的这种旅行作家，可以帮助我们理解和欣赏世界上那些我们也许永远没有机会亲自踏足的地方。发生在世界各地的种种冒险，可能只有几章之遥……

德夫拉·墨菲骑着自行车看世界。

徐福

方士、探险家

世界上流传着很多关于去往神秘之地的传奇，比如去传说中亚瑟王的卡美特王宫或已经消失的亚特兰蒂斯（译注：传说它的国王是海神波塞冬）和利莫里亚（译注：传说中沉入印度洋海底的一块大陆）。其中最有趣的莫过于徐福的故事，因为它是史实和神话的混合体，给我们留下了一个奇异而无法解开的谜团。

中国最早的皇帝——秦始皇，也就是修建长城的那位皇帝，将徐福聘为宫廷方士。秦始皇一直很怕死，所以决心找到长生不老药。他命令徐福去为他寻觅这种药，从此处开始，传说就开始取代了史实。

徐福
前 255 年—前 195 年

寻找长生不老药

徐福受命前往传说中的蓬莱仙岛，去向道教神仙"千岁翁"安期生讨教，因为秦始皇声称他在东巡过程中曾遇到过安期生。公元前 219 年，徐福遵命出发，但几年后空手而归。秦始皇很生气，问他为什么没找到。徐福需要一个像样的借口，就说有一个巨大的海怪挡住了通往蓬莱的路。"好吧，"秦始皇说，"下次带弓箭手去射海怪。如果你再回来时还是两手空空，就别想活命了。"

于是，公元前 210 年徐福再次出发，这次他率领着 60 艘船和 5000 名男女。但他们再也没有回来。也许他们意识到自己的任务毫无成功完成的可能，想要避免被处决，就扬帆远航了。然而，日本传说中，徐福把富士山误认为蓬莱，于是登陆了日本，并被日本人奉为神！

很多历史线索支持这一观点……

- 日本持续了数千年的史前绳纹文化（大致相当于西方的石器时代），差不多在徐福东渡这个时候结束了。
- 这时，中国的文字和工具开始在日本被使用。日本的都城奈良最终以秦始皇的都城长安为蓝本进行打造。远渡而来的徐福肯定带来了许多中国的思想观念。
- 传说徐福在日本被尊为"农业与医药之神"，因为他发明了新的种植方式，还种植了一些药用植物，提升了日本人的生活质量。直到今天，在日本还能找到专门供奉徐福的神社。

甚至有人认为，徐福就是传说中的日本第一位天皇——神武天皇。这不太可能，但没有人能确认，因为直到公元 6 世纪左右，日本才出现可靠的文字记录。不管徐福是否当过了不起的统治者，他的船都很可能是最早从中国到达日本的，并由此开启了中日几千年的联系。

徐福寻找传说中的长生不老药。

安妮·科普乔夫斯基

自行车骑行者

安妮·科普乔夫斯基
1870—1947

　　一切始于一个赌注。故事是这样的：美国波士顿两个富商曾争论不休——一名女性是否有能力在 15 个月或更短的时间内骑自行车环游世界，同时还能在旅途中赚到 5000 美元（大致相当于现在的 12.5 万美元）来养活自己？

　　来自拉脱维亚的安妮·科普乔夫斯基接受了这一挑战。19 世纪 90 年代，自行车开始成为流行的日常交通工具，这次旅行一定会引人注目，而科普乔夫斯基非常善于吸引公众的注意力。她计划通过沿途演讲为旅行筹集 5000 美元，但更主要的是通过投放广告筹钱。就像今天的运动员卖掉衣服上的广告位一样，科普乔夫斯基卖掉了她自行车上、衣服上的广告位，甚至连她的名字也被用来做广告。

　　1894 年 6 月，安妮·科普乔夫斯基在离开波士顿的那天，安排伦敦德里利西亚矿泉水公司在为她送行的人群面前向她发放了她获得的第一个 100 美元。作为回报，安妮·科普乔夫斯基在自行车上挂了个广告牌，在接下来的旅行中自称安妮·伦敦德里！在旅途中，她还出售签名照片和纪念徽章。

准备出发

　　安妮·科普乔夫斯基出发时只带了一套换洗衣服和一把珍珠柄手枪。令人惊讶的是，直到出发前几天她才初次骑过自行车。科普乔夫斯基吸引了各大报纸的头条，赞美和丑闻一起涌来——这一切都是因为她是一个独自旅行的女人。

　　起初，她向西穿越美国，但差点就放弃了。骑行的进度太慢了，所以她把原来的自行车换成了一辆轻便得多的自行车，也把裙子换成了更方便骑车的裤子。到芝加哥时，她的 15 个月已经用完了 4 个月，于是她调转方向，再度出发，这次是向东走。

　　每当她遇到大海时，她就乘坐汽船（这不是作弊，没有规定禁止这样做）。她骑车越过法国，穿过北非，进入中东。那个年月，世界各地几乎没有像样的公路。大部分时间里，科普乔夫斯基骑着车子在崎岖不平的路面上颠簸，或在铁路沿线骑行，因为那里的地面相对平坦一些。

旅途中的坎坷

　　安妮·科普乔夫斯基在旅途中遭遇过车祸和抢劫，但因为她是一个人出行，没有任何支援，她只能咬紧牙关继续前进。如果轮胎被扎破了，她就得扛起自行车，步行到最近的地方去修理。独自旅行还意味着她必须向驻扎在沿途各个城市的美国外交官收集签名，以证明她到过该城市。最后她回到波士顿时，期限只剩下几天时间了，仅够护理一下她新近摔伤的手腕。

　　科普乔夫斯基非常热衷于登上新闻头条，以至于她在旅行期间的演讲中和后来的回忆录里，都充满了戏剧性的"改造"：她在印度追赶过老虎！她在日本蹲过监狱！她是一个贫苦孤儿，一名医学院学生，她发明了一种新的书写方式！但其实这些都不是真的。甚至，真的有那场两个富商关于女性骑行的打赌吗？我们无从知晓。科普乔夫斯基淡化了她真正的成就——孤身骑行环游世界。即便在今天，这样的骑行对任何人来说也都是对身心的严峻考验。

安妮·科普乔夫斯基开始了她的骑自行车环游世界之旅。

"红毛埃里克"
莱夫·埃里克松

挪威探险家

在维京人的时代，历史是以"传奇"的形式记录下来的——"传奇"就是关于伟大英雄的史诗故事。多亏有这些传奇故事，我们才知道埃里克·索瓦尔松和他的儿子莱夫·埃里克松，他们都曾长途跋涉，到达人类未知的土地。

"红毛埃里克"的传奇故事

因为头发和胡子的颜色是红的，埃里克·索瓦尔松被称为"红毛埃里克"，但得到这个称呼更可能是由于他的剑刃常常是红的——他似乎形成了一种杀人的习惯！

982年，他被驱逐出冰岛三年（你猜怎么着？因为杀了人！），于是，他扬帆向西，穿越北大西洋狂风暴雨肆虐的水域。他听说过有关一块神秘土地的故事，传说那是100年多年前一个名叫冈比约恩·乌尔夫松的水手从海上发现的。为了找到这片土地，他沿着与那人大致相同的方向航行了1700千米，直到发现一个巨大岛屿。他在该岛的南端登陆。

"红毛埃里克"
950—1003

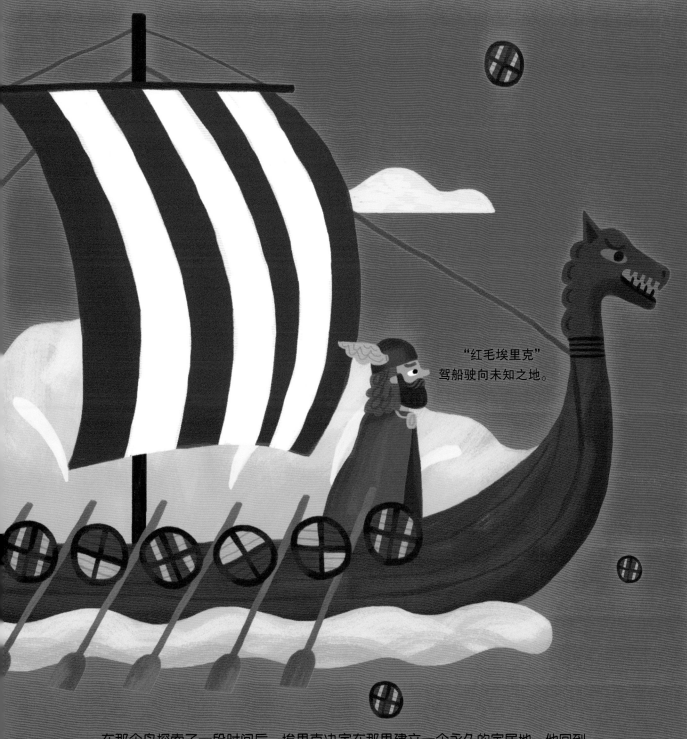

"红毛埃里克"
驾船驶向未知之地。

    在那个岛探索了一段时间后，埃里克决定在那里建立一个永久的定居地。他回到冰岛，告诉人们他的发现，鼓励他们和他一起到岛上来，并称这个岛为格陵兰（意思是绿意盎然之地，这听起来比一个更准确的名字，比如"被冰雪和岩石覆盖的土地"要好得多）。

    985 年，25 艘船出发前往格陵兰岛，开始新的生活。虽然只有 14 人到达，但在岛上建立了两个小定居点，这两个定居点持续了数百年。红毛埃里克和他的妻子在那里度过了余生，还养育了四个孩子，其中包括那个后来在探险事业上比他父亲更进一步的儿子……

莱夫·埃里克松
970—1020

莱夫·埃里克松的传奇故事

　　莱夫的绰号是"幸运的莱夫"。像他的父亲一样，他也听说过遥远的西方未知之地的传说，那个地方甚至比格陵兰岛更远——这一说法来自一个名叫比亚德尼·赫尔约尔夫松的商人。

　　带着从父亲那里继承来的好奇心和决心，莱夫和大约25名船员，于999年（也可能是1000年，我们不太确定）去寻找这个未知之地。莱夫邀请他父亲埃里克一起去，但在去乘船的路上，埃里克从马上摔了下来，埃里克认为这是不祥之兆，于是拒绝了这次出行！

　　有种传说是，莱夫能够到达目的地是因为他的船被大风吹离了航线（因此他的绰号中有"幸运"二字）。他的船沿着那片陌生新大陆的海岸停停走走，然后在更南边停靠下来。莱夫和他的同伴发现了很多树木和葡萄藤，因此莱夫将他的新发现命名为文兰（意为"藤树之地"）。

　　莱夫早在哥伦布到达北美大陆500年前就已经登陆了，他认为自己是第一个到达那里的欧洲人。我们不知道莱夫所命名的文兰的确切位置，但维京人定居点的遗迹于1963年被发现，就在现今加拿大的纽芬兰。

　　与埃里克在格陵兰岛的做法不同，莱夫从未在芬兰岛建立永久殖民地。这也许就是为什么他的发现长久湮没在历史中，而哥伦布却得到了所有的关注！

莱夫·埃里克松和
他的船员在一片新大陆
上发现了富饶的森林。

芭芭拉·希拉里

极地探险家

天生探险家的一个明显特征是：告诉他们什么前人未做过的事，他们就会把它变成接下来他要做的事。芭芭拉·希拉里就是这样的！

希拉里在美国纽约长期当护士，退休后她去了加拿大旅行，在那里她花了很多时间给北极熊摄影。这次旅行激发了她对北方冰天雪地的兴趣，并产生了一个新的目标……

芭芭拉·希拉里
1931—

成为第一的机会

第一位到达北极的女性是安·班克罗夫特，她是美国明尼苏达州的一名教师。然而，当芭芭拉·希拉里发现从来没有非洲裔美国女性去过北极时，她知道自己想做什么了。

在一个繁忙而嘈杂的城市里，为北极探险进行训练并不容易。芭芭拉·希拉里以前从来没有用过滑雪板，更不用说开雪地摩托或用狗拉雪橇了。为了迎接这次伟大的冒险，她在海滩上拉塑料雪橇，雪橇上面放着一大袋沙子。虽然芭芭拉已经 76 岁了，但高龄丝毫没有影响她取得成功的决心。

芭芭拉·希拉里欢呼庆祝自己到达了北极。

到达北极

2007 年 4 月 23 日，检测她训练成果的时候到了。希拉里和两名导游乘坐直升机降落在距离北极约 100 千米的俄罗斯临时基地——巴尼奥营地的浮冰上。北极旅行是十分危险的，希拉里要冒着严寒、变幻莫测的天气和脚下浮冰不断移动的风险完成她的目标。

希拉里下定了决心。她里面穿着一层层的长袖衣裤，外面套着笨重的红黑相间的防雪服，在冰上跋涉了很长一段时间后，终于到达了北极。她太高兴了，兴奋得跳起来！她一时忘记了寒冷，脱下手套竖起大拇指拍照——手指瞬间冻僵了！拇指被冻伤了，她得到教训：再也不要那样做了。

探险继续

希拉里的冒险并没有就此结束。2011 年 1 月 6 日，79 岁的她又成为第一个到达南极的非洲裔美国女性！在极地旅行之后，芭芭拉·希拉里成为一名国际知名的公众演说家，她那令人难以置信的决心和充满风险的旅程激励着其他人。她还开始计划下一次旅行……

她的故事如此引人关注还有一个原因：在去北极的几年前，她做了切除部分肺的手术——她在两次患癌后幸存。在她 70 多岁的时候，她不仅完成了两次极富挑战性的极地旅行，而且是在呼吸功能下降的情况下！

西德尼·赖利

间谍

赖利被称为"间谍之王"。没有人能确定他是哪里人，他一生中使用了许多化名，但他的原名可能是西格蒙德（或格奥尔基）·罗森布卢姆，他可能是俄罗斯人（但他自己说他是爱尔兰人）。

西德尼·赖利
1873—1925

据说，赖利是一个迷人的、穿着考究的人，能流利地说七种语言，而且是个变装大师。他还冷酷无情、奸诈贪婪，在战争期间通过买卖军火和其他物资赚钱。小说家伊恩·弗莱明甚至把赖利作为他虚构的间谍詹姆斯·邦德的灵感来源！

从 1899 年起，他以西德尼·赖利的名义，持有英国护照（尽管他从未成为英国公民），并用这个名字为秘密情报局工作。二十年来，赖利参与了一系列惊人的秘密行动和阴谋活动，担任间谍和双面间谍。很难从笼罩在他周围的神秘迷雾中找出事实真相，但据说他的英勇事迹包括这样几个——

密谋获取德国军火情报

1909 年，英国想知道德国的战备情况，赖利便去做卧底，在德国埃森的克虏伯兵工厂当焊工。他想要的图纸被锁在一间他进不去的办公室里，所以他志愿加入了工厂消防队，这意味着他可以在晚上在工厂里值班。凌晨时分，他撬开了工厂办公室的门锁，偷走了图纸，趁着未被发现，就已经在返回英国的路上了。

化装获取第一次世界大战军事情报

被空降到德军后方后，赖利加入了德军以掩护自己！他抓住了一个意想不到的机会，穿上了一名被杀害的德国高级军官的制服，随后参加了德国最高统帅部的一次会议。他记下了会上讨论的所有军事机密，并且马上将这些情报送到了伦敦。

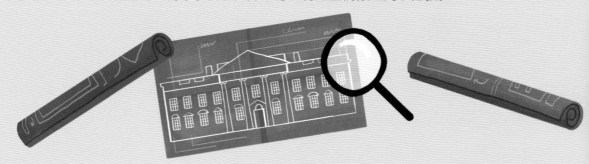

刺杀苏俄政要阴谋

当苏俄退出第一次世界大战时，赖利加入了一个小组，其任务是推翻新兴的苏维埃政权。赖利计划暗杀布尔什维克党领袖列宁，但阴谋在最后一刻暴露。大多数参与其中的特工都被抓获并杀害。苏俄特勤局在莫斯科集结之际，赖利假扮成德国大使馆的秘书，侥幸逃出了这座城市。

他的冒险经历不胜枚举：为日本人充当间谍，在加拿大加入皇家飞行队，在巴西营救英国外交官。但究竟有多少情况属实还存在争议。

赖利是一个难以捉摸、阴暗、靠不住的人，他只对他自己真正忠诚。没有人可以完全信任他，这就是他最终在 1921 年被英国特勤局解雇的原因！

西德尼·赖利：
真正的变装大师

玛丽·菲尔茨

驿站赶车人

19 世纪初，美国西部边疆地区的生活艰苦、肮脏，又是法外之地。要在那里生活，必须要坚强，而没有人比玛丽·菲尔茨更坚强了。她生而为奴，直到 1865 年美国南北战争后才获得自由。她堪称传奇人物，以至于很难确定关于她的生活哪些是事实，哪些纯属虚构。

玛丽·菲尔茨
1832—1914

1885 年，玛丽·菲尔茨来到蒙大拿州喀斯喀特的一个定居点，在一所由修女为印第安女孩开办的基督教教会学校工作。她劈柴、修房子、盖校舍、洗衣服、养鸡、照料花园。谁要是胆敢在她刚修剪完的草坪上走走，后果自负！菲尔茨是一个高大而威严的女人，身量酷似灰熊，说话强硬，即便在七十多岁时，她也能一拳把个男人打倒！

直面危险

一天晚上，菲尔茨钢铁般的意志受到了考验。当时她独自驾车穿过布满岩石的荒野，拉着给学院运来的食物补给。方圆几千米没有人烟，她完全孤立无援，突然她和她的马车遭到了一群饿狼的袭击。她的马受了惊，撞倒马车，跑入茫茫黑夜。黑暗中只剩下菲尔茨一个人，仅余一盏小灯照明。为了不让狼群从后面偷袭，她背靠着那辆翻倒了的马车。她用火枪抵挡住饿狼一次又一次的攻击，坚持了整整一夜。

其他人可能会被这样的遭遇吓倒，赶紧跑回去寻求帮助。但菲尔茨不是。等天亮后，她一个人将马车重新立起来，又追踪到了逃跑的马匹，然后就把食物补给运送到修女们那里了。唯一的损失是摔烂了一桶糖浆，那是修道长让她代买的私人物品。

为美国邮政工作

60 岁时，菲尔茨成为第一位非洲裔美国人，她也是第二位进入美国邮政服务系统工作的女性。在那里，她获得了"驿站车手玛丽"的绰号。八年里，她驾着她的驿车（和她的骡子摩西），穿过这个国家最危险的一些地区，在蒙大拿中部各地运送邮件。敌对的印第安人、凶残的歹徒、极端的天气、致命的野生动物——你能想到的，她都勇敢地面对了。不管遭遇暴风雪、酷暑还是暴雨，她没有一次不按时送达。当积雪太深，骡马无法行走时，她就把邮包背在自己身上，步行扛运。

她于 1901 年退休，但又经营起自己的洗衣店。她很容易让人觉得她是一个严厉的人，但她也有温柔的一面：她善良而富有同情心，喜欢种花，在她的后半生中，她还是一个很受欢迎的婴儿保姆。

她在美国喀斯喀特一带很受爱戴，学校每年都会在她生日那天专门放一天假。

玛丽·菲尔茨勇敢而独立。在充满敌意的环境里，在一个女性和有色人种只能唯唯诺诺的时代，她特立独行。

玛丽·菲尔茨驾驶着驿车穿过布满岩石的荒野。

乔治·舒斯特

工程师、驾驶员

汽车时代的早期出现了各种各样的实验和奇闻异事。1908 年，法国《晨报》和美国《纽约时报》联合举办了一场"伟大的比赛"，旨在测试汽车技术的极限，以证明汽车确实是未来当之无愧的交通工具。

乔治·舒斯特
1873—1972

赛车：一辆来自德国，由普罗托斯公司制造；一辆来自意大利，祖斯特；一辆来自美国，叫"托马斯飞翔者"；三辆来自法国，其中，一辆西扎尔-瑙丁，一辆德迪翁，还有一辆来自摩托集团。

各类机械师和随从挤进车里，坐在指定的司机旁边。参赛的六辆车都是敞篷车，大多数没有挡风玻璃。在"托马斯飞翔者"上，司机旁边坐着一位《纽约时报》的记者和机械师乔治·舒斯特。舒斯特是 12 小时前才被招进来的，他还不知道自己要干什么。

纽约

路线：从纽约出发，一路向西，穿越美国；向北，到达阿拉斯加，越过白令海峡的冰面，然后贯穿俄罗斯，再穿越欧洲，到达巴黎！

起跑线上

2月里寒冷的一天，在25万观众面前，纽约时代广场的发令枪响了，这标志着一场史诗般的冒险开始了！比赛在冬季举行，以确保白令海峡被坚冰覆盖。然而，这也意味着穿越美国将是极其困难的，在很长的路程里，要在厚厚的雪和同样深的泥中跋涉。以前只有9辆车曾穿越美国，而且都是在夏天！

乔治·舒斯特驾驶着一辆"托马斯飞翔者"在地球上疾驰。

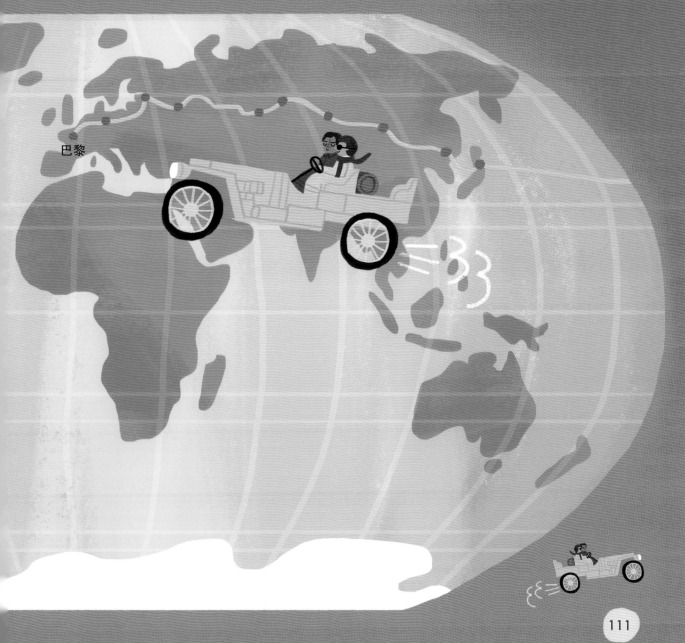

巴黎

比赛在继续

正如赛车手们很快发现的那样，那时候世界上真正的公路还不多。这些笨重而精巧的汽车在碎石子很多或尘土飞扬或湿滑或泥泞的路面上颠簸前行，即使是现代汽车也会觉得路很难走！

西扎尔-瑙丁在行驶不到 160 千米后就抛锚了。去掉了一个对手，还剩五个。

所有参赛者都本着友谊第一的体育精神和国际合作精神开始比赛。然而，这种情况并没有维持太久。各个车队很快意识到，只要在这里或那里额外付出一点点，就会改变比赛局面。他们形成了每天早上 5 点起床、开车直到晚上 8 点的习惯，让自己的机械师夜间维修，而且再也不肯借给其他车队备用零件或燃料。

祖斯特、德迪翁和"托马斯飞翔者"领先，普罗托斯和摩托集团那辆车稍稍落后。摩托集团那辆车随后因机械故障而退出。去掉两个，还剩四个。

"托马斯飞翔者"到达美国西海岸的旧金山时，远远领先于其他汽车。此时，车队的机械师乔治·舒斯特已经接替了原来的车手驾车，因为那个车手去参加另一场比赛了！汽车一路向北行驶，直到阿拉斯加的冰雪阻塞了道路。比赛组织者决定放弃在白令海峡冰面上驶过的想法，改为乘船穿越太平洋——先到日本，然后再到俄罗斯。

当"托马斯飞翔者"从阿拉斯加折返回来，它已经从第一名跌到了最后一名……
车队到达俄罗斯时，发现那里路况更糟糕：温暖的春季天气把地面变成了沼泽糨糊。燃油很难找到，因为那个地区的汽车很少。舒斯特和"托马斯飞翔者"挣扎着又领先了，但陷在泥浆里又浪费了整整一天，不会说俄语的舒斯特一直在迷路。

最后，汽油不足迫使那部德迪翁退出了比赛。走掉三个，还剩三个。

最后的征程

在穿越欧洲的过程中，普罗托斯以三天的优势击败了领先于祖斯特的"托马斯飞翔者"。

1908 年 7 月 26 日，当普罗托斯到达巴黎时，舒斯特似乎失去了一切。然而，组织者给了普罗托斯 15 天的惩罚——在美国，普罗托斯曾一度用火车来拉着他们的汽车！

"托马斯飞翔者"还有机会！但当他们到达巴黎时，又遇到了麻烦。汽车因车头灯损坏了而被警察拦下。当舒斯特从一辆旁边经过的自行车上借了一盏灯，并把车灯绑在汽车的一侧后，"托马斯飞翔者"才被允许继续前行。7 月 30 日下午 6 点，"托马斯飞翔者"终于越过了终点线，赢得了比赛。

祖斯特什么情况？它最终在 9 月份才现身巴黎！

乔治·舒斯特在俄罗斯泥泞的地面上驾车觅路。

哈丽雅特·塔布曼

社会活动家

玛丽·鲍泽

间谍

哈丽雅特·塔布曼
1822—1913

1861—1865 年的美国内战有几个原因，但主要是因为奴隶制的存废问题。北方各州希望废除奴隶制，但南方各州不同意。在那个时代的许多英雄事迹中，包括两个黑奴妇女为废除奴隶制而进行斗争的故事。

哈丽雅特·塔布曼

内战爆发时，哈丽雅特·塔布曼已经非常擅长承担将被囚禁的奴隶解救出来的秘密任务。1849 年，她从自己生活的种植园（就是一个种植庄稼的大农场）向北步行 145 千米，逃到了已经废除奴隶制的宾夕法尼亚州。19 世纪 50 年代，她决心帮助解救其他奴隶，一直为"地下铁路"工作，这是一个反奴隶制同盟的秘密网络，也是逃亡者可以藏身的安全场所。

塔布曼多次回到蓄奴地区，想尽办法，帮助 300 多人安全撤离，其中包括她自己的家人。在公共场所出行时，她会把自己和逃离出走的奴隶伪装成忙着在跑腿办事的样子。这种方法至少两次救了她的命。当时她意外地遇到了她以前的"主人"。第一次，她摇了摇她抱着的几只鸡——它们的叫声让她得以低着头，对它们"嘘嘘嘘"让它们安静，这样就避开了那个男人的目光。第二次是在火车上，当那个"主人"朝她走来时，她平静地拿起一张报纸，假装在看，直到危险过去。

她的勇敢会鼓舞逃亡者的斗志，她也会毫不客气地恐吓任何想要回头或屈服的人。对逃跑者和帮助逃跑者的人，惩罚非常严厉。抓捕到逃跑奴隶的人会得到奖赏，而塔布曼本人的人头也被悬赏。她几乎每天都冒着被抓奴者及其走狗抓住的危险。

哈丽雅特·塔布曼化装出行，去解救奴隶。

塔布曼在"地下铁路"的经历也使她成为一名有价值的特工：1863 年，她带领士兵前往南卡罗来纳州的三个种植园，超过 750 名奴隶在她的这次突袭中获救！

玛丽·鲍泽暗中监视美国南方邦联领导人杰斐逊·戴维斯。

玛丽·鲍泽

　　玛丽·鲍泽在内战期间为北方联邦（反奴隶制）部队担任间谍。她是一名被释放的奴隶，是伊丽莎白·万·卢秘密组织的一员。伊丽莎白·万·卢是弗吉尼亚州里士满一个富裕家庭的女儿，弗吉尼亚州里士满是（支持奴隶制的）南方邦联的一部分。

　　对联邦一方来说，亚伯拉罕·林肯是美国总统，但对邦联军来说，总统则是里士满的杰斐逊·戴维斯。在伊丽莎白·万·卢的帮助下，玛丽·鲍泽开始在杰斐逊·戴维斯的妻子瓦里纳·戴维斯开办的宴会上工作。鲍泽非常擅长表演，她扮演了一个迟钝的奴隶，名叫"艾伦·邦德"（这是个间谍的好名字！）。不久，这位邦德小姐就在戴维斯家工作了。鲍泽在打扫卫生或做其他服务工作时，经常听到总统关于战争的各种秘密谈话。因她伪装成一个奴隶，几乎没有人注意到她。

玛丽·鲍泽
1846—1867

　　教奴隶读书认字是违法的，所以戴维斯认为鲍泽目不识丁，他把重要的文件随手搁放，毫无戒心。鲍泽对自己的读写能力保密，并且能够甄别筛选文件。她记忆力极佳，能一字不差地把信息传递给同党。戴维斯终于意识到周围有个间谍，他想找出那人是谁，为此绞尽脑汁！即便在这种情况下，鲍泽仍继续工作了一段时间而未被察觉，不过，她最终不得不在战争结束前夕逃离她工作的这个家庭。

　　之后她怎么样了？我们不得而知。也许间谍更喜欢默默地从历史册页上消失……

雷纳夫·法因斯爵士

作家、探险家

无论何时何地，恐怕很难找到比雷纳夫·特威斯尔顿-威克姆-法因斯更适合"冒险家"这个词的人了。自1970年退役以来，他作为探险家、登山者和运动员，成绩斐然，其中包括如下几项——

雷纳夫·法因斯爵士
1944—

环球探险

经过近8年的精心策划，1979年，法因斯和两个战友从伦敦出发，大致沿着本初子午线（也就是东经、西经交会的那条经线）环游世界：向南通过非洲到达南极洲，然后向北穿越太平洋、阿拉斯加和北极，最后回到伦敦——所有这些都是通过地面旅行完成的（尽管他们的大规模后勤支援团中有飞机）。

他们在超过36℃的高温下穿越撒哈拉沙漠，然后穿越马里和科特迪瓦的沼泽与丛林。他们是第一批沿着直线徒步穿越南极洲的人，他们驾驶着雪地摩托穿行在人类未知的地区，随时随地有突然坠入冰层裂缝的危险。在南极，他们停下来打了一场板球。

在回去的路上，法因斯和他的一名同伴被困在一块漂流的冰层上长达三个多月，直到他们的补给船"本杰明·鲍林号"把他们接走。整个旅程花了将近三年时间，行程近16.1万千米，而且后无来者。法因斯的狗——波西，也完成了部分旅程，它乘坐直升机旅行，成为第一条到访过南北两极的狗！

多次北极和南极旅行

法因斯多次往返于北极和南极，他试图与另一位冒险家迈克·斯特劳德一起，在没有任何通信设备及后援支持的情况下，随身携带所有补给，在两极间穿行。1992年至1993年，他和斯特劳德在93天内穿越南极大陆，创造了历史上时间最长的无支援极地旅行。

2000年，法因斯被迫放弃了独自前往北极的计划，因为他的雪橇掉进了冰窟窿里，在试图把它拔出来的过程中，他的双手严重冻伤。他的左手冻伤尤其严重，当他从极地回来时，医生告诉他几个月后他的几个手指尖和大拇指需要被切除。法因斯受够了痛苦，干脆自己动手这样做了！

7x7x7 环球慈善马拉松

2003 年，也是在斯特劳德的陪同下，法因斯成为第一个完成 7x7x7 的人，连续七天在七个不同的大洲跑了七个马拉松。似乎这还不够，法因斯是在一次严重的心脏病发作的几周后完成这一壮举的，那次心脏病使他昏迷了三天，需要做心脏搭桥手术！

法因斯的冒险精神还有很多其他的例子，包括 2009 年他于 65 岁时攀登珠穆朗玛峰，以及在撒哈拉沙漠中跑了 156 千米的超级马拉松。

多年以来，法因斯的探险为慈善机构筹集了数百万美元，包括玛丽·居里癌症护理和英国心脏疾病基金会。

法因斯和他的狗波西到达了北极。

伊莎贝拉·伯德

摄影师、探险家

伊莎贝拉·伯德一生中去过很多地方——美国、澳大利亚、加拿大、日本、越南、印度、夏威夷、马来亚、土耳其、北非、中东，还有其他很多地方！她的旅行记录，如《落基山脉的淑女生活》（关于美国科罗拉多州）和《三明治岛的六个月》（关于夏威夷），使她广为人知并备受尊重。

伊莎贝拉·伯德
1831—1904

谨遵医嘱

伯德从小在英国生活，身体向来不好。她的背部经常出问题，失眠也一直困扰着她。1854 年，当一位医生说海边的空气对她的健康有好处时（维多利亚时代的医生在不知道如何治疗疾病时经常这么说），她的父亲给了她 100 英镑，告诉她想往哪个方向去就往哪个方向去。这是她一生热衷探险的发端。

像其他那些全身心投入旅行的人一样，她无论到了哪里，都喜欢和当地人住在一起，而她待在家里总是坐立不安：她的脚发痒，强烈渴望无拘无束的心理很快就催促她再次上路。不管途中会遇到什么危险或不适，她经常是独自一人出行。

60 岁时，她有了一个新的爱好——摄影。她非常擅长摄影，她拍摄的照片，使她的三年远东之旅成为她一生中最重要、最难忘的旅行经历。

在中国等地旅行

伯德从英国利物浦出发，她不知道自己正迎头走向一场战争。她来到朝鲜时，中国和日本正准备开战。几周后，她被驱逐出境，身无分文地来到了中国北方，她的大部分行李也不见了。她住在一家教会医院，身患疟疾，手臂骨折。尽管如此，她很快就爱上了这个国家及其人民，并改穿中国服装以示礼貌。

她一出院就又开始了探险。坐着摇摇晃晃的舢板（一种底部平坦的木制船），她和她的一小队雇工一起旅行了数千次。他们从上海开始，沿着长江，深入中国腹地。旅行极其危险，有时舢板会被拖入湍急的河水，有时又要与激流搏击。

在中国，无论伊莎贝拉·伯德走到哪里，她都会被盯着看，因为当地人从来没有见过外国人。这种关注大多是友好的，但也有一些中国人认为欧洲人是"魔鬼"。她被扔了好几次石头和泥巴，后来有一次在四川她被一群暴徒锁在一所房子里，暴徒又放火烧房子。千钧一发之际，伯德被一队中国士兵救出。

摄影记录

在伯德的整个旅程中，笨重的摄影设备一直不离她身。夜里，伯德常把她的衣服和靴子挂在相机的木制三脚架上，以免老鼠等咬啮破坏。她的照片是对当时普通中国人生活的独特记录，也是她后来得以进入英国皇家地理协会的重要原因。伯德经常利用自己的名气公开反对不公正现象，就中国而言，她严厉批评了西方社会对中国文化的态度。正如玛丽·金斯利等旅行家推动西方人对非洲改变了看法，伊莎贝拉·伯德把晚清中国人的日常生活带给了她的读者和观众。

伊莎贝拉·伯德乘坐舢板，拍摄周边环境。

汉尼拔
军队指挥官

第二次布匿战争是古代历史上最惨烈的战争之一（得名"布匿"是因为罗马人称迦太基人为"布匿人"。迦太基当时是地中海地区的一个大帝国，囊括了今天北非和西班牙南部的一部分）。一边是罗马帝国的军队，另一边是汉尼拔领导下的迦太基人。

汉尼拔
前 247 年—前 183 年

罗马难题

汉尼拔遇到了一个问题：他想把他的军队开进罗马，但这几乎是不可能的。如果他带领军队越过地中海，罗马人的船队会让他的人葬身水中。如果他从意大利的南端向北走，他将不得不面对罗马军团的阻碍，永远无法通过。

但汉尼拔自有办法——一个非常冒险、非常危险的办法。他将带领整个迦太基军队，包括战象和数千匹马，沿着西班牙东海岸进入法国，穿过罗讷河，然后越过阿尔卑斯山（法国和意大利之间的高大山脉），这段行程大约 1600 千米。换成其他任何人，正常来说，带着军队、装备、给养和战象翻越白雪皑皑的高山峻岭都是一件让人抓狂的事，但汉尼拔却指挥若定。

穿越阿尔卑斯山

穿越阿尔卑斯山脉的路线非常危险，他们几乎立刻就遭到了当地高卢（法国）部落的攻击。这些攻击贯穿了整个翻越过程，时断时续。高卢人最喜欢的战术是用巨石砸那些正行进在陡峭山路上的军队，他们的巨石要么把士兵撞下山崖，要么挡住他们的去路。在一条特大型的封锁线挡住去路时，据说汉尼拔使用了一种古老的采矿炸石技巧。他先在巨石下点一堆火，当岩石热得不能再热时，将冷的液体（他用的是醋）倒在上面。温度的突然变化使岩石破裂，从而使移除石头变得容易。

据估计，汉尼拔攀登的最高点大约是在海拔 2400 米之处。从法国那侧攀登阿尔卑斯山时，面临的是一个相对平缓的斜坡。但是到了阿尔卑斯山在意大利的那一侧下山时，山势变得非常非常陡峭。除了不断遭逢充满敌意的当地人，以及大雪纷飞，汉尼拔军队还不得不面对相当可怕的下山的危险，在那种情况下，一跤滑倒很可能就会跌下山去摔死。

麻烦制造者

历时 15 天，翻越阿尔卑斯山脉之旅结束后，汉尼拔终于带着 25000 多名士兵、6000 匹马和近乎全数毫无损失的 37 头大象进入了意大利。最后，迦太基人没能到达罗马，但汉尼拔的军队在接下来的三年里给罗马人带来了无尽的麻烦。无论他们最终命运如何，他们都可谓经历了历史上最大胆、最不寻常的旅程之一。

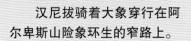

汉尼拔骑着大象穿行在阿尔卑斯山险象环生的窄路上。

艾达·法伊弗

作家、探险家

艾达·法伊弗
1797—1858

奥地利人艾达·劳拉·法伊弗总是孤身出行。她的旅行预算非常紧张，只带着最基本的必需品，但她一意孤行，决心坚定。她是挑战当时女性行为标准的为数不多的女性旅行家之一，其名被载入史册。

艾达·法伊弗12岁时，她的家乡维也纳被法军占领。她的母亲认为对法军最好客客气气，避免麻烦，小艾达却对敌人的入侵流露出厌恶。在法军庆祝胜利的阅兵式上，当法国皇帝拿破仑·波拿巴走过时，小艾达转过身去——这个年轻女孩给了他冷脸，他可是世界上最强大、最无情、最可怕的人之一！

法伊弗一直想去旅行，但一直等到她两个儿子都长大成人离开家后，她才得以成行。尽管她一生中大部分著作都是匿名出版的，她的冒险经历还是使她声名鹊起，并为她进一步的旅行提供了资金。她那些最受欢迎的作品是她关于环游世界的记录。

1846—1848 年
南美洲、塔希提岛、中国、印度、中东、俄罗斯、希腊

艾达·法伊弗是一个大胆冒失的探险家和挑剔的19世纪欧洲人的古怪混合体。她心甘情愿地忍受着廉价旅行慢吞吞的节奏和各种不舒适，但是她又对她不习惯的事情嗤之以鼻。

例如，在巴西，她更关心的是成群的蚂蚁、蚊子和沙蚤，而不是美丽的风景。她很高兴住在当地人家里，学习他们的文化，分享他们的食物，但她并不喜欢他们任何一个人！她会对自己不认同的价值观感到很神经质的不安。

1851—1854 年

英国、南非、马来西亚、婆罗洲、印度尼西亚、北美洲、南美洲（再次来到这里）、澳洲

　　她完全无视专家关于婆罗洲热带雨林和印度尼西亚存在诸多危险的警告，还是去了那里。她在丛林里待了六个月，遇到了对欧洲人怀有敌意的猎头族部落。她和他们相处得很好！然而，后来她不得不离开，因为很明显，部落中的一些人准备杀死她吃掉。她开了个玩笑，说她的肉太老太硬，不好吃，然后就逃走了。

　　法伊弗还是一位热心的业余科学家，她在旅行中收集了成千上万种植物、昆虫、海洋生物和矿物标本。在一次去马达加斯加旅行时，她被可怕的马达加斯加女王拉娜瓦罗娜一世抓住关了一段时间，在此期间她患上了一种热带疾病——可能是疟疾。一年后，也就是 1858 年，法伊弗在回到维也纳家中后，死于疟疾后遗症。

法伊弗在野外
抵御蚊子的侵袭。

词汇表

空运辅助队

是一个英国组织，第二次世界大战期间它在英国各地使用非军事飞行员驾驶飞机，帮助运输物资和部队。

大气压和水压

它们分别指空气和水作用在物体上的压力（其大小基本相当于物体的重量）。大气层的高处，空气稀薄，因而气压低；海洋深处，承受着上面的巨大水量，因此水压很高。

无敌舰队

西班牙的海军舰队。

大气层

指环绕地球的可呼吸气体层。地球的大气层主要由氮和氧两种气体组成。

蓝图

是有关建筑物或机械的技术图纸，经常用蓝色感光纸制成。

周游世界

周游指围绕某物的旅行；周游世界通常指环游世界的旅行。

冷战（1945—1991）

指美国和苏联及其盟国之间的竞争和互相打压。冷战双方都力图在技术、武器和政治势力方面胜过对方。

指南针

是一个告诉你前进方向的装置。最常见的指南针，其磁针总是指向地磁北极。

沙漠

是一种非常干燥的干旱地区，很少下雨，植被稀少。沙漠地区可能很冷，也可能很热。

外交官

是被一国政府任用，在外国或国际组织中代表该国政府行事的人。一个国家的官方代表通常被称为"大使"。

干货

这是一个老式术语，用来描述商店的日常库存，最初是指纺织品和服装，后来也可指代五金和杂货。

大使馆

也可称为使馆楼，是供大使和其他外交官居住或处理事务的建筑。

赤道

是一条假想的环绕地球正中的水平线。在赤道上，一年四季昼、夜的长度完全相同。

大帆船

指有几层甲板的大型帆船，主要应用于 16 世纪至 18 世纪之间。最初由西班牙制造，后来被其他欧洲国家采用。

冰川

指大片冰块密集的区域。大部分冰川存在于极地，但世界各地的许多山区也有冰川。

氢气

宇宙中最常见的化学元素，无色，无味，易燃。

浮冰

漂浮在海面的扁平冰块。北极的大部分地区都被浮冰覆盖。

英国最高荣誉勋章

即英帝国勋章，最初在第一次世界大战中授予非战斗人员，但现在常授予在公共服务中取得显著成就的人。

南北极

指地球表面最南和最北的点，是物理意义上的南或北，而不是磁场意义上的。

物理学

对物质、能量、力、空间和时间等进行的科学研究。物理学帮助我们检测和理解各种事物——从单个原子的性质到整个宇宙的结构。

波利尼西亚群岛

太平洋中南部的一个区域，包含一千多个岛屿，如汤加群岛、萨摩亚群岛和复活节岛。

私掠船

是合法的海盗船；获得了政府授权，可以在特定地点攻击特定商船的船只和船员。

热带雨林

一年四季雨量充沛的热带森林。

急流

河流中水流湍急的一段，通常沿陡坡而下，流经地势较低、湍流较多或岩石密布的地区。

可再生能源

由不会耗尽的东西产生出的能量，比如来自阳光、风、海浪、潮汐运动或地热的能量。

罗马帝国

意大利罗马城在古代的统治地域。在其鼎盛时期，罗马帝国涵盖了欧洲的大部分地区、中东的大部分地区和非洲北部沿海地带。

苏联（1922—1991）

以俄罗斯为主的一群东欧国家，统治中心在俄罗斯首都莫斯科。

汽船

一种大型船只，主要应用于 18 世纪和 19 世纪，由蒸汽驱动螺旋桨或大桨轮，大多数用于河流和湖泊，也有一些用于远洋。

最高峰

在山的最顶端，人能到达的最高点。

帝王谷

靠近埃及尼罗河西岸的沙漠地区；这里有 60 多位古埃及统治者和贵族的地下陵墓，其中最著名的是法老图坦卡蒙之墓。

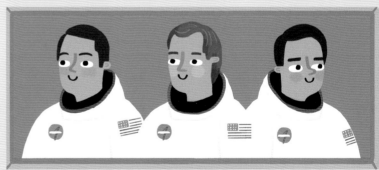